Joyful Physical Chemistry
Volume 2
Quantum Chemistry

Niels Bohr

E. Schrödinger

たのしい 物理化学

②

量子化学

Richard Phillips Feynman

Pierre Claude Hohenberg

山本雅博　池田 茂　加納健司
Masahiro Yamamoto　　Shigeru Ikeda　　Kenji Kano

講談社

目次

第22章 第一原理計算 107

第23章 分光と量子力学 124

第15章

緒言

I think I can safely say that nobody understands quantum mechanics. So do not take the lecture too seriously, feeling that you really have to understand in terms of some model what I am going to describe, but just relax and enjoy it.

Richard Phillips Feynman, The Character of Physical Law, Chap. 6 Web .

　本書では，「化学結合の本質とは何か？」「それは，原子から分子を構築するときの電子の組み替えであり，その電子はいわゆる古典力学ではなく，量子力学という 1900 年代初頭から発展してきた力学によってのみ説明される。」ということに力点をおく．量子化学の授業では，数式の扱いばかりに目がいってしまうが，現代の最先端の量子化学・量子力学では，コンピュータを用いることがほとんどである．解析解が得られる現実の系が少なく，コンピュータにより近似を行う必要があるからだ．したがって，計算プログラムを作成する理論研究者以外は，基本的な方程式および解析解が得られるいくつかの系の解法を知っていれば十分である．

　大学受験生の誰もが読むバイブル的な化学の参考書には，

　　　「原子のまわりを電子が高速で回っており，原子核と電子間の電気的な引力は電子が感じる遠心力とつり合っている。」

という記述があったが，これがいかに正確な表現ではないことを，本書を読めば理解できる(注1)．

　化学系の学生にとって，量子化学で用いる数学は，熱力学・反応速度論で用いる数学よりも少々複雑である．そのため量子化学は，学びが立ち止まってしまうことが多い学問分野である．上にも述べたように，計算プログラムを作成する理論研究者以外は深く足を踏み込む必要はないが，用いられる近似が正しくないと間違った解釈を与えてしまうので，最低限の数学・物理をやはり知っておく必要がある．数学については，*Foundation of Science Mathematics*, D. S. Sivia，S. G. Rawlings, Oxford University Press. を筆者が日本語訳した書籍(注2)が出版されているので，そちらを参照していただきたい．

　本書は 9 章からなる．それぞれの章の関係を**図 15.1** に示す．「緒言」から入って，基礎理論の 3 章，モデル系の 3 章，現実の系の量子化学計算の 2 章を終えれば，最後は本書の出口である「研究」で量子化学計算を使うことができる．現実の系の量子化学計算とは，化学のメインテーマである分子・原子・イオンの構造，エネルギー，原子間力，熱力学，分光学的性質，溶媒和，そして化学反応の問題に対して，すでに世の中に出回っているプログラムパッケージを使って数値計算することを意味する．電子間相互作用の近似

Richard Phillips Feynman（1918−1988）
アメリカ合衆国出身の物理学者である．物理を自分の考え方で再構成する故に「天才」と称される．本書の範囲を超えるが，経路積分やファインマンダイアグラムなどは彼のオリジナルのアイデアで，彼以外に思いつくことはなかったのかもしれない．本書では，あちこちでファインマンが出てくるのでお楽しみに！

注1）最新版では，この表現は使われていない．

注2）演習で学ぶ 科学のための数学，D. S. Sivia, S. G. Rawlings（著），山本雅博，加納健司（訳），化学同人，2018.

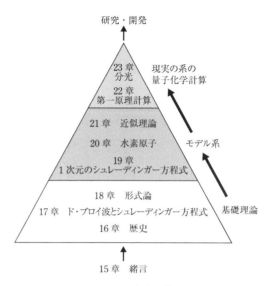

図15.1　本書の構成

理論の1つである**密度汎関数理論**(Density Functional Theory，DFT)を量子化学計算にも適用することが多く，**DFT計算**と呼ばれている．量子化学計算では，DFT以外にも多くの理論がその発展に寄与しており，DFT計算と呼ぶのはふさわしくない．量子化学計算パッケージでは，分子の構造をGUI(グラフィカルユーザーインターフェース)で描き，いくつかの計算パラメータを入力すればパソコンでも簡単に計算できるようになっている．しかし，理論や計算手法にはまだ多くの欠点があり，理論の基礎を理解しないで計算すると間違った計算結果を出す可能性もある．真空中の少数原子を含む分子系のみならず，固体のバンド計算，イオンの溶媒和の問題，水中のタンパク質などの問題にも，理論的な発展とともに量子化学計算が可能になってきている．

　数値計算も簡単な系であればノートパソコンで十分可能になってきた．ただし，コンピュータの性能向上も並列化でなんとかしのいでいるが，その限界も見えてきた．0と1の2進数の論理計算を行う現状のデジタルコンピュータで，重なりをもついろいろな状態(量子ビット)に対して，互いの状態の相関を保ちつつ重なりの度合いを変える計算をすると，計算効率を飛躍的に上げることができ，これを量子コンピュータという．デジタルコンピュータの速度をしのぐ計算も報告されており，量子化学への応用が盛んに行われている (注3)．

注3)『量子コンピュータが本当にわかる！』(武田俊太郎，技術評論社，2020)に詳しい．

　量子化学は量子力学の一部と考えていいのであろうか．例えば，物理化学で熱力学と反応速度論は別々の授業で教えられるが，その根底は熱力学（統計力学）でつながっている．物理学としての量子力学と化学としての量子化学は，対象としている現象やモノが違うだけで基本的にはまったく同じものであると考えてよい．それは，以下の量子力学の黎明期の歴史が示している．

　ジャン・ペランが 1913 年に「*Les Atomes*（邦題 原子）」の結言で，

「*La théorie atomique a triomphé.*（原子論はついに勝利したのだ）」

と書いて，それまで学会の主流から認められなかった原子の存在が広くアカデミアに認められたときから，原子・分子・イオンの存在を基礎として，電子をその仲立ちとして化学を説明する必要に迫られたといってよい．同じ時期に量子力学が立ち上がりつつあったが，1929 年にポール・ディラックが，

「量子力学の一般理論はほぼ完成しているが，相対性理論の考え方に正確に合わせるために，まだ不完全な点が残っている．原子や分子の構造，通常の化学反応については，相対性理論による質量の速度変化を無視し，電子と原子核の間のクーロン力だけを仮定すれば，通常は十分な精度が得られる．物理学の大部分と化学の全体の数学的の理論に必要な基礎的な物理法則は，このように完全に知られている．問題は，これらの法則を厳密に適用すると，方程式が複雑になりすぎて解けなくなることだけである．そこで，量子力学の近似的な実用的適用方法を開発し，複雑な原子系の主要な特徴を，あまり計算せずに説明できるようにすることが望まれる．」

と述べている（注4）．このコメントこそが，**量子化学**（quantum chemistry）（注5）のスタートであると筆者は思う．つまり，量子化学は**量子力学**（quantum mechanics）の一部としてあるのでなく，同時に発展してきたのである．

注4）この言葉は，一部だけ切り取られて，物理学者が化学を誤解しているといわれている．https://doi.org/10.1098/rspa.1929.0094
注5）「簡単化学」と筆者は呼んでいる．

　『たのしい物理化学 2』には Web 資料があり，問題解答や補足などの多くの情報がある．必ず訪問して，読んでほしい．Web の URL は以下である．
http://www.chem.konan-u.ac.jp/PCSI/web_material/Pchem2/
　また，以下の QR コード（注6）からも訪問可能である．

注6）QRコードは（株）デンソーウェーブの登録商標です．

第16章 量子力学はどのように誕生したのか？

Memories are not recycled like atoms and particles in quantum physics.
They can be lost forever. —

Lady Gaga, Marry The Night: The Prelude Pathétique
https://www.youtube.com/watch?v=L9oP_CKRUX4.

16.1　誕生の歴史

　我々の世界は，周期表にある水素から始まる元素の原子およびその組み合わせである分子からなると考えられている．それらを説明する理論である**量子力学**は，いまからおおよそ100年前にできた概念であり，その誕生はそれまでの考え方を「古典」と名づけてしまうほどの大きな革命であった．量子力学の枠組みの基礎的な解釈などについては，現在でも議論が続いている(注1)．しかし，これまでの実験結果で量子力学の体系を崩す反証はただの1つも見つかっておらず，基礎的な解釈はさておき，現実問題を解く場合には量子力学を利用しているのが現状である．一方で，後に述べるように，我々が日常経験する常識とはかけ離れた解釈をしないと量子力学の考え方を理解できないことも事実である．ただし，今後実験により反例が1つでも見つかれば，新たに理論を考え直さねばならない．その生存競争をくぐり抜けてきているのが現代の量子力学である．

　量子力学の誕生を，ハイゼンベルクの行列力学の論文が発表された1925年（大正14年）9月，あるいはシュレーディンガーの波動力学の論文が発表された1926年（大正15年）3月とすると，現在（2023年）は，まだ100年も経過していないことになる．量子力学の誕生から30年さかのぼった1895年（明治28年）にX線，翌1896年に放射線，さらに1897年に電子が，それぞれレントゲン，ベクレル，トムソンによって発見された．X線や放射線といった**電磁波**（electromagnetic wave）のふるまいや，電子のいくつかのふるまいは，その当時の理論では説明できないことに，後になって科学者は気づくことになる．

　当時はマッハ（ウィーン大学）に代表される「世の中の物質を構成する**媒体**（medium）はすべて連続体で，連続体の理論で多くの現象の説明がつく」という考え方が全盛であり，「主要な物理現象はすべて発見しつくされ，それらの現象を説明する理論も確立しているので，もう何も新しい発見はないだろう．小数点6桁目以下の精度を上げるようなことしか残されていない」と，1899年にマイケルソン(注2)は述べた．しかし，これに先立つ1871年に，マクスウェルはこのような考え方に警鐘をならし，「骨の折れる慎重な測定で，新しい研究分野を開拓し新しいアイデアを生み出すことが重要である」と指摘していた．

注1）量子力学の解釈については，天才ファインマンをして「I think I can safely say that nobody understands quantum mechanics」といわしめたほどである（*The Character of Physical Law*, 1965）.

注2）マイケルソン・モーレーの実験で有名である．

その後の科学の進展は，まさにマクスウェルの予言通りになったのである．1900年当時「これで全部確立した．もう終わり」と科学者が思っていた学問体系をのちに「古典」と呼んでしまう大変革が，蟻の穴から堤が崩れるかのごとく起こったのである．それは，以下に述べるような実験結果における，当時の理論では完全には説明できない「細かなずれ」を，問題として考え抜いたことから始まった[注3]．主な実験結果としては，①黒体輻射，②光電効果，③コンプトン効果，そして電子線の金属表面による散乱などが挙げられる．これらは古典的な理論で説明できず，量子力学誕生のきっかけにもなった．それぞれの現象について説明していこう．

①黒体輻射

黒体はあらゆる波長の電磁波を吸収するが，逆に温度を上げるとすべての波長の電磁波を放出する．これが**黒体輻射**（black-body radiation）である．不燃性物体を加熱していくと，600℃あたりからオレンジ色になり，さらに温度を上げると白色化していく現象が観測される．**黒体**（black body）の炉があって，小さな孔が開いていて炉の中から生じる光を観測できるとしよう[注4]．光は黒体が発する電磁波（輻射）によるものであり，ある温度での電磁波のエネルギーは温度の4乗に比例することを，ステファンとその弟子のボルツマンは熱力学から導出した（1巻5章を参照）．問題は，その比例係数が当時完璧な理論体系であると思われた熱力学からは求められないことであった．当時，電球・電灯の開発競争というビジネス的観点があり，可能な限り多くの光を出すにはどうしたらよいのかという課題を解決することが競争に勝つために必要であった[注5]．

光のスペクトルの温度依存性については，特に赤外線領域（低振動数（長波長））が熱力学をベースとした**ウィーン（Wien）の式**[注6]と一致しないことが大問題であった．**図16.1**に示すように，ウィーンの実験式はベルリンの物

[注3] チコ・ブラーエのデータに対するケプラーによる解釈から始まった．天動説から地動説の大変革と同様である．

[注4] 色のついた物体を熱した場合の輻射光には，その物質特有の波長の光を吸収したり，発したりする影響が現れる．これに対して黒い物質を熱したときの輻射光は温度だけに依存する．そこで黒体輻射の研究が進められた．

[注5] 溶鉱炉の温度の問題が背景であったと記述している書物が多いが，そうではないようである（量子革命，マンジット・クマール（著），青木薫（訳），新潮社，2013）．

[注6] 振動数（frequency）νあたりのエネルギー密度に関する式で，$u(\nu,T)=A\nu^3 e^{-\beta\nu/T}$と表される．ここで，$T$は絶対温度，$A$と$\beta$は適当なパラメータである．

Max Planck（1858–1947）
ドイツの物理学者である．SI単位の大きな改正が2019年に行われ，その趣旨はプランク定数hを誤差なしで正確に6.62607015×10^{-34} J·sと定義し，量子系を単位の基本定数として採用したことである．$E=h\nu$で表されるエネルギーの量子仮説は，新単位系でのプランク定数の採用でついに完成した．マックス・プランクにちなんで名づけられたマックス・プランク協会は37人のノーベル賞受賞者を輩出した世界最高峰の研究機関で，84の独立したマックス・プランク研究所からなる．

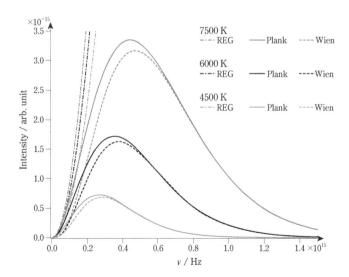

図16.1　黒体輻射スペクトルの温度依存性のための理論曲線
プランクの式はベルリンの物理学者のグループによる測定結果と完全に一致している．

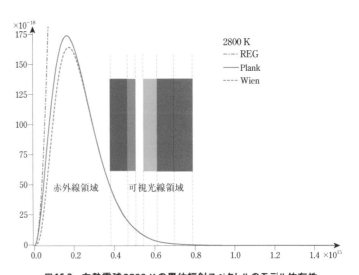

図16.2 白熱電球2800 Kの黒体輻射スペクトルのモデル依存性

プランクの式はベルリンの物理学者のグループによる測定結果と完全に一致している。2800 Kの黒体輻射では可視光線領域よりも赤外線領域に電磁波のエネルギーはピークをもち、電球は暖かく感じられるのである。

注7)一般照明用100 Wの電球フィラメントの温度は2800 K。入力電力に対する可視光変換効率は10％で、赤外線放射が約70％もあり、電球への光変換効率はそもそも高くない。

注8)$u(v,T) = (8\pi v^2/c^3)k_B T$.

注9)$u(v,T) = (8\pi v^2/c^3)hv / |\exp(hv/k_B T) - 1|$, ここで、$h$はプランク定数(Plank constant)である。

注10)皮肉なことに、プランクはその後の、電子・原子・分子への量子力学の発展には反対の意見を唱えていた。

Albert Einstein (1879–1955)
ドイツ生まれの理論物理学者で、相対性理論、原子・分子の存在を決定づけたブラウン運動の理論を提唱した。光量子仮説によって光電効果について理論的な説明づけを行うなど、初期量子論の確立に多大な貢献をした。しかし、その後、量子力学の確率論的な解釈に対して、疑義を唱え、思考実験を提案して反論を試みた。反論が実験で1つでも認められれば量子力学の枠組みは崩れ去った可能性があったが、現在まで実験では量子力学に対する反論が1つも見つかってない。

注11)アインシュタインが「特殊相対性理論」「光量子仮説と光電効果」「ブラウン運動」という3つの重要な概念について論文に発表したことから、1905年は奇跡の年と呼ばれる。

理学者のグループによる分光測定から得られた高精度のスペクトルと高振動数(短波長)領域以外ではほぼ一致していたが、低振動数(長波長)領域では少しずれがあったのである(注7)。理論的には、ウィーンの実験式と、電磁気学と熱力学をベースとした**レイリー–アインシュタイン–ジーンズ(REG)の式**(注8)があったが、どちらもベルリンの物理学者のグループによる測定効果を完全に説明できなかった。プランクは測定効果を説明するために、この2つの理論式を橋渡しする実験式(注9)を作った。それは、測定結果とぴったりと一致する式で、実験を解釈するには問題がなかった(図16.1、**図16.2**)。しかし、式の導入の際にエネルギーが連続ではなくhv単位で「飛び飛び」になるという概念を導入したので(**図16.3**)、理論的解釈が困難であった。プランク自身が提唱したこの新解釈は**エネルギー量子仮説**と呼ばれ、これにより「飛び飛び」の**量子**(quantum)という概念が誕生したのである(注10)。

②光電効果

1905年(注11)にアインシュタインは、プランクが提唱したエネルギー量子仮説を拡張した**光電子仮説**で**光電効果**(photoelectric effect)を説明した。光電効果とは、金属表面に電磁波(例えば紫外光)を照射すると金属表面から**光電子**(photoelectron)が飛び出す現象である。古典的な考え方では、波のエネルギーは波の振幅の2乗である電磁波の強度に比例するので、どのような振動数の電磁波でも強度を上げれば電子が飛び出してくると予想された。しかし、実験結果は、ある振動数v_{min}より大きい(すなわち短波長の)電磁波でのみ光電子は観測され、その振動数以下では強度をいくら上げても光電子は観測されない、というものであった。観測される光電子の数はv_{min}以上の電磁波の強度に比例し、光電子の運動エネルギーは振動数vに比例した。アインシュタインはエネルギーhvをもつ**光子**(photon)という量子の概念を導入

すれば，この現象をすべて説明できることを示した．

③コンプトン効果

　電磁波であるX線がある物質に照射されると，電場により物質中の電子が振動され同じ波長のX線が放出される，というのが古典的な考え方である．しかし実際には，放出されるX線の波長は長くなり，ある方向に**散乱**（scattering）され，同時に電子も跳ね飛ばされる．この現象は電子に対して粒子性をもつ光子が衝突するというイメージで説明できる．これは**コンプトン効果**（Compton effect）といわれる．

16.2　粒子か波動か

　以上が，古典的な考え方において波動と考えられていた電磁波に粒子性を導入することで説明された現象の例である．今度は逆に粒子と思われていたものに波動性を導入することで説明された現象の例を考えよう．

　17章で述べるが，ド・ブロイはド・ブロイ波の概念を導入して粒子も波動性をもつことを1924年に提唱した．1927年に米国ベル研究所のデイヴィソンとガーマーは，電子を金属表面に当てたときに発生する二次電子（走査型電子顕微鏡で使用する）の放出角度に関する研究をしていた（**図 16.4**(a)）．ニッケルNiの多結晶で実験していたが，実験の途中で，事故により空気が入り高温にしていたNi表面が酸化物に覆われてしまった．その酸化物を取り除くために，水素中や真空中でNiの多結晶を加熱したところ，以前のパターンとはまったく異なり，スポット状に強く電子が散乱された（図16.4(b)）．多結晶が長時間の加熱により単結晶になったことが原因であるが，電子を粒子と考えると起こりえない現象である．すなわち，電子が波動性により回折を示したのである．このデイヴィソンとガーマーの実験が，それより前にド・ブロイが提案したド・ブロイ波の概念を証明することになった．

　以上より，粒子性と波動性の両方を説明するような新しい理論が必要であることが明らかとなり，量子力学は発展していったのである．**図 16.5**に量子力学の発展の流れを示す．赤矢印は物質に関する理論，青矢印は輻射に関する理論で，**波動力学**（wave mechanics），**行列力学**（matrix mechanics），**量子場の理論**（quantum field theory）が発展してきた．この流れを，数式を最小限にして本書では紹介していきたい．

　なお，量子力学は，電子，原子，分子に対する力学なので，それらの発見と同時に出現したと思われがちであるが，実はそうではない．原子・分子の存在に関しては長い論争があり(注12)，1905年に発表されたアインシュタインのブラウン運動の解釈およびペランによるその実験的な証明により，間接的ではあるが，ようやく原子・分子の存在が確定したことも忘れてはならない（1巻14章のコラム14.1参照）(注13)．

　その後，量子力学は非常に成功し，例えば現在の半導体文化の基礎を与えてきた．また，ほぼ100年にわたって理論の検証もなされてきて，ただ1つ

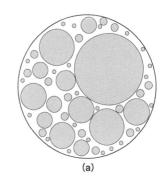

(a)

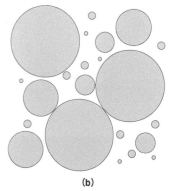

(b)

図16.3　(a)量子論と(b)古典論における分配法則

プランクのエネルギー量子仮説では，光子エネルギーは$h\nu$単位で「飛び飛び」の塊となっていると考える．炉内の全熱エネルギーを黄色の円で，輻射光のエネルギーを茶色の円で表している．円の面積がエネルギーに相当する．νが小さいと，1つ1つの光子エネルギー$h\nu$は，全熱エネルギーに比べてはるかに小さいので，多数の光子を放射できる．ただし，面積に相当するνの光子全体のエネルギーは小さく，νの増加とともに増加する（図16.1の左部分）．しかし，νが大きくなると，$h\nu$が全熱エネルギーに近づくため，放射できる光子の数が限られてきて，相当するνの光子全体のエネルギーは減少しはじめ，さらにνが大きくなると，全熱エネルギーを超えてしまい，放射できなくなる．

　一方，古典論的には，「エネルギーの当分配則の法則」を拡張し，どの波にも，熱エネルギーが分配されると考えた．つまり，それぞれのνの光子（図(b)）では，あるνに対して3つすべてに熱エネルギーを与えることになる．結果として，νが大きい光ほど大きなエネルギーをもつので，スペクトル分布線はνに対して右肩上がりになってしまう（図16.1のREG）．

注12）ボルツマンはいち早く原子論を唱えた科学者の1人であるが，こうした論争によるトラブルで精神疾患に苛まれて，1906年に自殺した．原子論に関する論争の被害者であるといえる．

注13）現代では，1分子の形ばかりではなく，分子間結合の強さの違いまで，画像としてみることが可能である（L. Gross et al., *Science* **337**, 1326（2012））.

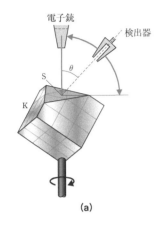

(a)

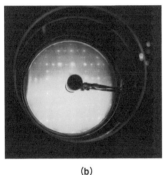

(b)

図16.4 （a）Ni単結晶の低速電子回折実験と（b）Si（110）再構成表面からの回折パターン

Ni単結晶表面に低速の電子を照射するとスポット状に強く電子が散乱された.
（b）出典：https://commons.wikimedia.org/wiki/File:Si100Reconstructed.png

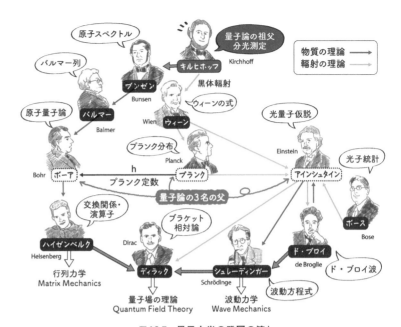

図16.5 量子力学の発展の流れ

A. Pais, SUBTLE is the LORD: The scientific and life of ALBERT EINSTEIN, Oxford University Press, 1982 を参考に作成

の反証も発見されていない．ただし，量子力学は人間の直感と非常に相容れない点も多いため，その解釈問題は現在に至るまで論争が継続されている．量子コンピュータはこれらの解釈問題と密接に関連しており非常に興味深い現象である． コラム16.1 に，量子力学の解釈問題の簡単な歴史を示した.

1935　アインシュタイン＝ポドルスキー＝ローゼンのパラドックス(通称 EPR 論文)：「物理的実在の量子力学的な記述は完全であると考えられるか」(あるところで起こったことが，光よりはやく瞬間的に別のところに影響を及ぼすことはないという主張)

1952　デビッド・ボーム：隠れた変数理論(EPR の解釈として波動関数の「収縮」過程を構築する試みと「隠れた変数」を追加して平均をとる統計理論とする試み)

1957　ヒュー・エベレット：多世界解釈(観測による波束の収縮を伴わず，多数の世界に存在する波動関数の重ね合わせが変化していくという考え方)

1964　ジョン・ベル：ベルの不等式(局所的な隠れた変数理論でこの不等式は満たされるが，通常の量子力学では満たされない)

1982　アラン・アスペ：ベルの不等式は破れていることを実験で証明(通常の量子力学の反例とはならない)．現在では，20σ の信頼度で不等式は破れている．

1985　デビッド・ドイチェ：量子コンピュータのアイデアの提案

1989　外村彰：単一電子を用いた二重スリット実験

2003　小澤正直：ハイゼンベルクの不確定性原理の一般式を書き換える「小澤の不等式」

2007　グレンジャー，アラン・アスペら：単一光子を使った理想的な遅延選択実験 [注14][注15]

2015　ツァイリンガーら：抜け穴を完全にふさいだ実験による「量子もつれ」の実証で，ベルの不等式が満たされていないこと(量子力学が成立する)を最終的に証明した [注16]．

2019　グーグルの量子コンピュータによる「量子超越性」の実証 [注17]

詳細は例えば，[注18][注19]に詳しい．

[注14] V.Jacques et al., *Science* **315**, 966 (2007).
[注15] P.Grangier et al., *Europhys. Lett.* **1**, 173 (1986).
[注16] M.Giustina et al., *Phys. Rev. Lett.* **115**, 250401 (2015).
[注17] 量子コンピュータが本当にわかる！，武田俊太郎，技術評論社，2020.
[注18] 量子論がためされるとき，ジョージ・グリーンスタイン(著)，アーサー・G・ザイアンツ(著)，森弘之(訳)，みすず書房，2014.
[注19] 量子論の果てなき境界，クリストファー・C・ジェリー(著)，キンバリー・M・ブルーノ(著)，河辺哲次(訳)，共立出版，2015.

16.1 輻射とは何か. 日光をあびるとぽかぽかする身近な現象から説明しなさい.

16.2 太陽の表面温度が 6000 K であることはどのように検証されたのかを調べなさい.

16.3 黒体の輻射スペクトルと熱力学から求められたウィーンの実験式はどこに矛盾があったのか. また, 電磁気学と熱力学をベースとしたレイリー–アインシュタイン–ジーンズ式はどこの矛盾があったのか. それぞれの式を使って説明しなさい.

16.4 図 16.2 を用いて, 2800 K の白熱電球から放射されている電磁波(または光)のスペクトルを説明しなさい.

16.5 Ni 単結晶表面に低速の電子線を照射し, その反射を測定すると, スポット状の輝点が観測されるのはなぜかを説明しなさい.

After long reflection in solitude and meditation, I suddenly had the idea, during the year 1923, that the discovery made by Einstein in 1905 should be generalized by extending it to all material particles and notably to electrons.

Prince Louis-Victor de Broglie, Research on the Theory of Quanta, 1963
Republication of 1924 Ph.D. Thesis, Minkowski Institute Press, 2021.

　17章では，ド・ブロイ波の波の性質と，それが波動方程式，波動関数へどのように展開していくのかを学ぶ．物質粒子に波動性を付与するアイデアが量子力学を構築することになり，ド・ブロイは量子式学の仕事でノーベル賞を受賞した最初の人となった．

17.1　二重スリット実験

　波の具体的な数学表現に入る前に，量子力学が示す不思議な現象である**二重スリット実験**(double-slit experiments)について述べておこう．まず，壁の2ヵ所に穴(スリット)がある場合でのサッカーのフリーキックを考えよう．

　蹴られたボールにカーブはかからず，ボールは直線的に運動するものとする．ボールを例えば100回蹴った後に，ボールがゴールラインに到達する位置は，**図17.1**(a)のようにキッカーと壁の隙間を直線でつないだ2ヵ所のみにピークとして観察される．左側のスリットを通るボールの数をI_1とし，右側のスリットを通るボールの数をI_2とすると，合計は$I=I_1+I_2$となる．これは，我々が直感的に受け入れることのできるマクロ世界の描像である．ボールは直径22 cm，質量430 gぐらいなので，当然ではあるが古典的にふるまう．このフリーキックでは，壁の穴(スリット)間の距離はボールの直径の100倍である22 m，スリット幅は50倍の11 mとしよう．次に，ボールの大きさを

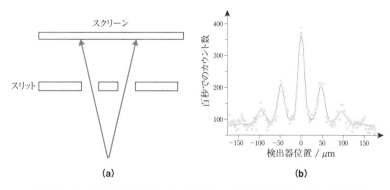

図17.1　**(a)古典的な二重スリット，(b)Nairzらの実験で得られたC_{60}の干渉縞**
〔(b) O. Nairz, M. Arndt, A. Zeilinger, *Am. J. Phys.* **71**, 319 (2003)〕

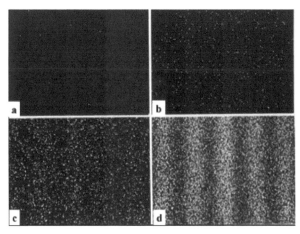

図17.2　日立製作所・故外村彰氏による単一電子二重スリット実験
出典：https://www.hitachi.co.jp/rd/research/materials/quantum/index.html

2×10^8 分の 1 にして，炭素原子 60 個からなるボール状分子（直径 1 nm，質量 1.2×10^{-21} g）であるフラーレン C_{60} にしてみよう．このとき，先の例と同じスケールの設定にすると，スリット間距離は 100 nm でスリット幅は 50 nm となる．このスリットに C_{60} を 1 分子ずつ飛ばしたときに得られるパターンは 2 ヵ所のみのピークとしては現れず，中央部分を最大強度とする干渉縞となる（図 17.1(b)）．同じような現象は電子を 1 電子ずつ二重スリットに飛ばした実験 (注1)（**図 17.2**）や C_{60} よりもさらに大きい分子 perfluoroalkylated C_{60}（C_{60}〔$C_{12}F_{25}$〕$_{10}$，430 原子），tetraphenylporphyrin derivative TPPF152（$C_{168}H_{94}F_{152}O_8N_4S_4$，430 原子，最大サイズ 6 nm）でも観測されている (注2)．

注1）外村ら，http://www.hitachi.co.jp/rd/portal/highlight/quantum/doubleslit/index.html

注2）S. Gerlich et al., *Nature Communications* **2**, 263（2011）.

参考17.1　干渉縞はなぜ観測される?

　図 17.2 のような**干渉縞**は光でも観測されており，**ヤングの二重スリット実験**といわれている．その解釈は，光を波とみなし，次のように与えられる．図 17.1(a) に示した左側のスリットを波源とする波の振幅を ψ_1 とし，右側のスリットからの波の振幅を ψ_2 とすると，スクリーン上では波の重ね合わせの原理により，その振幅の和は $\psi = \psi_1 + \psi_2$ となる．ここで，振幅 ψ，ψ_1 および ψ_2 をより一般化するために複素数とする．a と b を実数とし，$i \equiv \sqrt{-1}$ を定義して，複素数 $z = a + ib$ の絶対値の二乗をとると，$|z|^2 = z^*z = (a - ib)(a + ib) = a^2 + b^2$ となる．ここで，$*$ は複素共役を表し，$z^* \equiv (a + ib)^* = a - ib$ である．波の強度は振幅の絶対値の二乗に比例するので，$I = |\psi_1 + \psi_2|^2$ となる．

$$I = |\psi_1 + \psi_2|^2 = (\psi_1 + \psi_2)^* (\psi_1 + \psi_2) = (\psi_1^* + \psi_2^*)(\psi_1 + \psi_2)$$
$$= \psi_1^*\psi_1 + \psi_2^*\psi_2 + \psi_1^*\psi_2 + \psi_2^*\psi_1 = |\psi_1|^2 + |\psi_2|^2 + 2\mathrm{Re}(\psi_1^*\psi_2) \tag{17.1}$$

ここで，$\mathrm{Re}(\psi_1^*\psi_2)$ は $\psi_1^*\psi_2$ の実数部を表す．

　もし片方のスリットを閉じると $|\psi_1|^2$ または $|\psi_2|^2$ のみとなるので，$I_1 = |\psi_1|^2$，$I_2 = |\psi_2|^2$ と書け，サッカーボールのときのような 2 つのピーク $I = I_1 + I_2 = |\psi_1|^2 + |\psi_2|^2$ となる．干渉縞となることは $2\mathrm{Re}(\psi_1^*\psi_2)$ の項に起因し，2 つのスリットからの光路差が波長に等しいときに強め合い，半波長に等しいときに弱め合う．ただし，C_{60} や電子の場合，ψ は後の 17.4 節で示すように波動関数であり，実際の波の振幅ではなく，$\psi^*\psi$ が粒子の存在確率（17.4 節参照）を表す物理的な意味をもつ（**図 17.3**）．

さらに，我々の常識を覆す事実がある．C_{60} あるいは電子は1つずつ飛ばしているのに，干渉縞が得られるためには，C_{60} が分子の大きさの100倍も離れた両方のスリットを通過したと解釈する必要がある．C–C結合を1本切るために 4.7 eV（54000 K）相当のエネルギーが必要であるので，分子が原子にバラバラになることはない．つまり，C_{60} が波動性をもち，その波動関数が干渉を引き起こすのである．また，スリットのどちらか片方を通ったかを測定すると干渉縞は消え，$I = |\psi_1|^2 + |\psi_2|^2$ となる(注3)．また，$\psi^*\psi$ が粒子の存在確率を表すので，測定される干渉縞は全体にぼやっと現れて

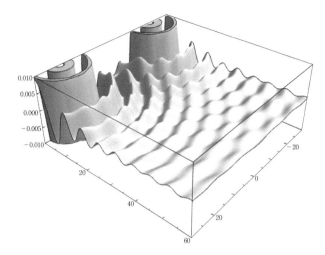

図17.3 二重スリット実験での波の重ね合わせ
出典：筑波大学 武内修 准教授のサイト：
https://dora.bk.tsukuba.ac.jp/~takeuchi/? 量子力学１％2F 波動関数の解釈

くると考えがちだが，C_{60} や電子を使った干渉の実験では，1つの粒子を飛ばすと1つの点として観測される．点が数多く測定されるとそれが干渉縞を形成する(注4)．量子力学がもたらす不思議な点は現在でも多くの研究がなされており，詳しくは文献を参照していただきたい(注5)(注6)．

注3）遅延選択実験という一連の実験でも経路を確定すると，波動性が消えることが示されている．詳しくは注5の文献を参照．
注4）波動関数の収縮や多世界解釈などの考え方がある．
注5）量子論の果てなき境界，クリストファー・C・ジェリー（著），キンバリー・M・ブルーノ（著），河辺哲次（訳），共立出版，2015．
注6）『量子コンピュータが本当にわかる！』（武田俊太郎，技術評論社，2020）は，量子コンピュータのしくみを二重スリット・多重スリットの実験を使って解説している．数学を使わずに量子コンピュータの量子力学的本質を説明した本であり，すばらしい．

量子力学では我々の直感を超えた不思議なことが非常に多いが，量子力学を否定するような反証はこれまで1つも見つかっていない．本書では，量子力学の不思議なところは棚に上げて，量子力学がもたらす数多くの恩恵（化学への展開）を述べていく．

17.2 ハイゼンベルクの不確定性原理

二重スリット実験に関しては，スリットを単一あるいは多数並べた実験(注7)から，量子力学の一番の基本的な原理である**ハイゼンベルクの不確定性原理**（Heisenberg uncertainty principle）を直感的に導くことを，ファインマンが彼の教科書(注8)で行っている．不確定性は後の章（第18章）で正確に導くが，ここではファインマンの考え方を紹介する．

不確定性とは，「粒子の位置の不確かさ Δx と運動量の不確かさ Δp の積には，ある下限値がある」，すなわち「粒子の位置を正確に測定すると運動量はより不確かになり，運動量を正確にすると位置はより不確かになる」ということを意味する．

注7）回折格子は，多数の平行スリットが等間隔で配列したもの（15ページ参照）．

注8）https://www.feynmanlectures.caltech.edu/I_38.html

Werner Karl Heisenberg（1901–1976）
ドイツの理論物理学者で，波動力学の定式化
とは異なる行列力学を 1925 年（24 歳）に提案
し，不確定性原理を 1927 年に提案した．量
子力学の創始者の 1 人である．ハイゼンベル
クの評価は，ナチス政権下で原爆開発チーム
の責任者に就いたことで大きく揺らいだ．彼自
身は，むしろナチスの原爆開発の要請に応え
ず，アドルフ・ヒトラーに原爆を使わせないよ
うにした．しかし世間（特にユダヤ人）からはナ
チスの手先とみなされて，戦後は原爆開発とい
う負の烙印を背負わされた．彼自身は以下のよ
うに発言している．

「指導的な科学者のほとんどは，彼らの人間
としての品性ゆえに，全体主義を嫌っていたと
いってもよいのではないかと思います．しか
し，祖国を愛するものとして，政府のために仕
事をすることを要求されれば，それを断ること
はできませんでした……幸いなことに，彼らは
倫理的な決断を下さずにすみました．しかもそ
れは，彼らも陸軍も，戦時中に原爆を製造する
ことがまったく不可能だという点で意見が一致
していたのです．」

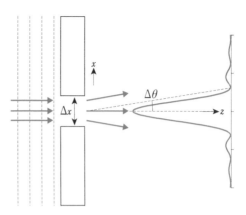

図17.4　単一スリットによる波の回折と不確定性

　いま，単一スリットの左側から波（**波動関数**（wave function））が押し寄せる
とする（**図 17.4**）．波の進行方向を z 方向にとり，それに垂直の x 方向に幅
Δx をもつ単一スリットを波が通過するとする．x 方向には波の**振幅**（ampli-
tude）（つまり，波動関数）は一定であり，位置を確定することはできない．
一方で，波の**運動量**（momentum）は $p_{z,0}(=mv=(h/2\pi)k)$ という値をもつが
[注9]，x 方向の運動量はゼロであり，不確定性も当然ゼロである．ここで，
波数（wave number）は $k \equiv 2\pi/\lambda$ である．

　一方，スリット通過後は，x 方向の位置の不確定性はスリット幅 Δx とな
る．スリット幅を非常に小さいものに狭めていくと，波は回折し図 17.4 の
ように広がる．これは，x 方向の運動量がゼロではなくなり，しかもばらつ
きをもつことに対応する．ここでは，そのばらつきの程度を図 17.4 におけ
る中央のピークから見て最初に強度がゼロとなる角度 $\Delta\theta$ を 1 つの指標とし

参考17.2　単一スリットにおける波の回折の考え方

　図 17.5 に示すように，スリット間を 8 分割して，その 9
点を同位相の波源とする波が消し合う条件は

$$L\sin\Delta\theta=\lambda$$

となるが，$\Delta\theta$ が小さいと

$$\sin\Delta\theta \sim \Delta\theta$$

となり，

$$\Delta\theta \sim \lambda/L$$

となる．$L=\Delta x$ とすると

$$\Delta\theta \sim \lambda/\Delta x$$

となる．

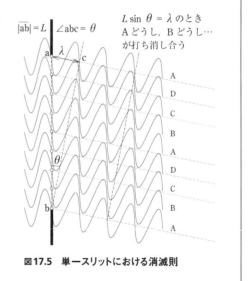

図17.5　単一スリットにおける消滅則

てみなす．光学回折より，波長をλとすると，この$\Delta\theta$は$\Delta\theta = \lambda/\Delta x$で与えられることが知られている（ 参考17.2 ）．したがって，x方向の運動量の不確定性Δp_xは，

$$\Delta p_x \equiv p_{z,0}\Delta\theta = \left(\frac{h}{2\pi}\right)k\left(\frac{\lambda}{\Delta x}\right) = \left(\frac{h}{2\pi}\right)\left(\frac{2\pi}{\lambda}\right)\left(\frac{\lambda}{\Delta x}\right) \tag{17.2a}$$

$$\Delta x \Delta p_x = h \tag{17.2b}$$

となり，粒子の位置の不確かさΔxと運動量の不確かさΔpの積がプランク定数hとなることがわかる．

単一スリットでは位置の不確定性を限界まで下げた場合の運動量の不確定性であったが，今度は運動量の不確定性を限界まで下げた場合の，位置の不確定性に関する実験について考えてみよう．運動量pを求めるには，

$$p = \left(\frac{h}{2\pi}\right)k = \left(\frac{h}{2\pi}\right)\left(\frac{2\pi}{\lambda}\right) = \frac{h}{\lambda} \tag{17.3}$$

より，波長λを求めればよいことがわかる．波長λを正確に求めるには，**図17.6**にあるように**回折格子**（diffractive grating，一定間隔aで溝がN本刻まれた光学素子）を用いればよい．右側から矢印の向きに回折格子に垂直に入射してきた波は，各溝の中心を波源として反射し，隣り合う溝を波源とした反射光の重ね合わせがある方向に強い反射スポットを与える．その角度を図17.6のようにθとすると，

注9) 光の場合，運動量はファインマンによって見事な方法で与えられている．以下のサイトを参照のこと．
http://www.chem.konan-u.ac.jp/PCSI/web_material/photonmoentum.pdf

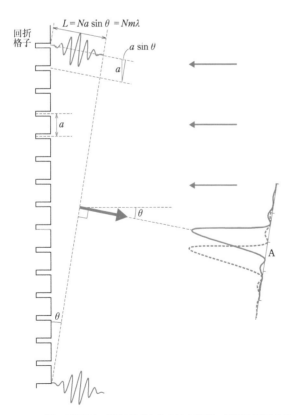

図17.6　幅aの溝をもつ回折格子からの波の散乱・回折と不確定性

$$a\sin\theta = m\lambda \tag{17.4}$$

となる．ここで $m = 0,\ \pm 1,\ \pm 2,\ \cdots$ である．いま，λ とは少し異なる波長 $\lambda + \Delta\lambda$ の波による反射スポットが図 17.6 の点線の位置（回折線の最初の極小位置に点線の極大がくる）に現れたとする．参考17.2 の結果を使うと，L は $Nm\lambda$ より 1 波長だけ正確に大きくなることが必要である．つまり，$L = Nm\lambda + \lambda = Nm\lambda'$ である．$\lambda' = \lambda + \Delta\lambda$ とすれば，

$$\frac{\Delta\lambda}{\lambda} = \frac{1}{Nm} \tag{17.5a}$$

$$\frac{\Delta\lambda}{\lambda^2} = \frac{1}{Nm\lambda} = \frac{1}{L} \tag{17.5b}$$

となる．$\Delta\lambda/\lambda$ は波長測定をする回折格子の**分解能**（resolution）と呼ばれる．分解能が運動量の不確定性を表すことを以下に示す．L は図 17.6 の一番上の溝と一番下の溝の間の光路差である．回折される波が図 17.6 のようにある一定の幅で存在する（**波束**（wave packet）と呼ぶ）とすると，一番下の溝からの反射光と一番上からの反射光が干渉するためには，波束の幅が L でなければならない．したがって，式(17.3)を使うと

$$\left|\Delta\lambda^{-1}\right| = \left|\frac{1}{\lambda + \Delta\lambda} - \frac{1}{\lambda}\right| = \frac{\Delta\lambda}{\lambda^2 + \lambda\Delta\lambda} \approx \frac{\Delta\lambda}{\lambda^2} = \frac{1}{L} \tag{17.6a}$$

$$\Delta p = h\left|\Delta\lambda^{-1}\right| = \frac{h}{L} \tag{17.6b}$$

となる．波束の幅 L は，波の広がりで位置の不確定性 Δx に相当する．$\Delta p =$

コラム 17.1　ファインマンの爆撃

　ファインマンは 1953 年に日本を訪問している．訪問先の各地で，必ず物理の問題に関して質問されて議論をしたようである．（おそらく若い）質問者は，彼らが取り組んでいる一般的な問題について長い数式を使って説明しようとしたのだろう．その一般的な問題に対して，物理を考えるために何か特別な「具体例」を教えてとファインマンはいつも注文した．しかし，質問者は「もちろん」というけれどもそれはけっして「具体例」ではなく，物理を考えにくい「弱い例」であることが多かったようである．議論においては，「えっと陰極というのは正に帯電してたっけ，負に帯電してたっけ？　で，アニオンはどっちに動くんだっけ？」などのアホな質問をファインマンがするものだから，「こいつほんまにわかってんの？」と思われたようだ．ただし，説明の途中で「ちょっと待った！ここは絶対間違っている．正しいわけがない！」と式のミスをファインマンが指摘すると，質問者は怪訝な顔をしながらも，じっくり確認すると確かに式は間違っていたのである．ファインマンは数式を追いかけているのではなく，「具体例」の物理を直感と経験に基づいて追いかけていたので，逆に数式のミスを簡単に見つけたのである．訪問した各地で質問されると必ずそうなったので，太平洋戦争の空襲になぞらえて「ファインマンの爆撃」として知られたと文献(注 10)に記録されている．

注 10) Surely You're Joking, Mr. Feynman！: Adventures of a Curious Character Richard Phillips Feynman, Ralph Leighton. ご冗談でしょう，ファインマンさん(R. P. ファインマン（著），大貫昌子（訳），岩波現代文庫，1986)

$h|\Delta\lambda^{-1}|=h/\Delta x$ より，$\Delta p\Delta x=h$（式(17.2b)）という下限をもつことになり，運動量と位置の不確定性が得られる．

17.3　前期量子論（ボーアの原子モデル）

1850年代にオングストロームが高い精度で観測していた水素原子の4本の可視光線スペクトル（波長 656, 486, 434, 410 nm，**図17.7**）を，スイスのバルマーが趣味の数学を使って，その波長 λ が

$$\lambda=\frac{Bn^2}{n^2-m^2}, \quad m=2 \tag{17.7}$$

で与えられることを1884年に示した．また，他の水素原子の発光波長領域であるライマン系列やパッシェン系列（図17.7）も次式で与えられることを，リュードベリが1888年に示した．

$$\frac{1}{\lambda}=R\left(\frac{1}{m^2}-\frac{1}{n^2}\right), \quad n>m \tag{17.8}$$

しかし，なぜこのように表せるかは，以下に示す**ボーアの原子モデル**（1913年）を待たねば説明できなかった．

いま，ある円軌道を，電荷 $-e$ をもつ電子（古典的なイメージの粒子として）が，電荷 $+e$ をもつ原子核のまわりを回転しているとする（**図17.8**）．原子核と電子の距離を r とすると，その静電力は $-\dfrac{e^2}{4\pi\varepsilon_0 r^2}$ である（ε_0：真空の誘電率）．ここで，電子の質量は m_e で，電子は半径 r の円軌道上を一定速度 v で原子核のまわりを回転しているとする．この回転している座標系にのると，仮想的な慣性力である遠心力 $\dfrac{m_e v^2}{r}$ が電子に働く．半径 r が一定の軌道にある限り，静電力と遠心力はつり合っているので，

$$\frac{e^2}{4\pi\varepsilon_0 r^2}=\frac{m_e v^2}{r} \tag{17.9}$$

となる．したがって，電子の運動エネルギー $T=\dfrac{m_e v^2}{2}$ は，次のように与え

Niels Henrik David Bohr（1885–1962）
デンマークの理論物理学者．波動力学および行列力学両方の育ての親である．「もし初めて量子力学を学んだときに何の疑問も抱かないのなら，それは量子力学について何も理解していないということだ．」という名言を残している．

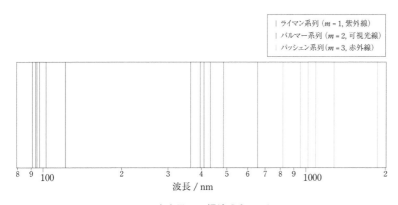

| ライマン系列（$m=1$, 紫外線）
| バルマー系列（$m=2$, 可視光線）
| パッシェン系列（$m=3$, 赤外線）

波長 / nm

図17.7　水素原子の輝線発光スペクトル
可視光のバルマー系列は，波長 410, 434, 486, 656 nm の4本である．

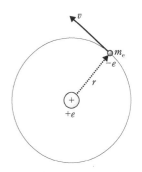

図17.8　ボーアの原子モデル（水素原子）

られる.

$$T = \frac{m_e v^2}{2} = \frac{e^2}{8\pi\varepsilon_0 r} \tag{17.10}$$

また，ポテンシャルエネルギー$U(r)$は，無限遠に離れたところからrまで静電力を感じつつ移動したときのエネルギーになるので，

$$\underbrace{U(\infty)}_{=0} - U(r) = \frac{e^2}{4\pi\varepsilon_0}\int_\infty^r \left(-\frac{1}{r'^2}\right)\mathrm{d}r' = \frac{e^2}{4\pi\varepsilon_0}\left[\frac{1}{r'}\right]_\infty^r = \frac{e^2}{4\pi\varepsilon_0 r} \tag{17.11a}$$

$$U(r) = -\frac{e^2}{4\pi\varepsilon_0 r} \tag{17.11b}$$

となる．よって，全エネルギーEは運動エネルギーとポテンシャルエネルギーの和として次のように与えられる．

$$E = T + U(r) = \frac{e^2}{8\pi\varepsilon_0 r} - \frac{e^2}{4\pi\varepsilon_0 r} = -\frac{e^2}{8\pi\varepsilon_0 r} \tag{17.12}$$

ここまでは完全な古典論である．前期量子論では，電子が粒子性だけではなく波の性質をもつというド・ブロイの考え方（ド・ブロイ波 $p = h/\lambda$[注11]）．これは16章で説明したデイヴィソンとガーマーの電子の回折実験で示され

Louis Victor de Broglie（1892-1987）
フランスの理論物理学者である．ド・ブロイが博士論文で提唱した物質波（ド・ブロイ波）の概念は，アインシュタインが1925年にド・ブロイの学位論文を自身の論文で引用したことで，日の目を見た．このアインシュタインの論文がシュレーディンガーにド・ブロイの学位論文に関心を向けさせ，波動力学の第一論文を1926年にシュレーディンガーが発表したことにつながった．

[注11]ド・ブロイ波長λは，$\lambda = h/mv = h/p$で定義される．

コラム17.2　原子核を回る電子が原子核に引かれて，原子はつぶれてしまう!?

ボーアの前に，ラザフォードが原子モデルを提案している（1911年）．現在でいう原子核に相当する正電荷を帯びた中心のまわりを電子が回っていると考えた（これは，すでに長岡半太郎が提唱していた土星型原子モデルと類似している）．しかし，帯電粒子が回転すると電磁波を放ってエネルギーを失う．つまり，ラザフォードの原子モデルでは，原子核を回る電子は原子核に引かれて，あっという間に原子はつぶれてしまうことになる．

そこでボーアは，
① 電子は飛び飛びの値の半径をもつ決められた円軌道上だけを動いている，
② 電子はこの同円軌道上で定常波となり電磁波を出さない，
③ 電子がある軌道から別の軌道に遷移するとき，電子の軌道エネルギーの差に相当するエネルギーを放出または吸収する，
と仮定した．これが**ボーアの原子モデル**である．飛び飛びの概念は，もちろんプランクの黒体輻射やアインシュタインの光量子仮説などに感化されたものである．また，仮定①の特定の軌道には，ド・ブロイ波の概念が取り入れられていることはいうまでもない（**図17.9**）．

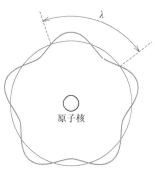

(a) 定常波

(b) 非定常波

図17.9　ボーアの量子化条件
(a)一周した波がぴったり重なると定常状態となり波は存在し続け，その状態では電磁波を放出しない．これがボーアの量子化条件に相当する．(b)一周した波が重ならないと干渉により波は消えてしまう．

ることになる）を取り入れ，円軌道 r に制限を設けた．すなわち，図 17.9(a) に示すように円周 $2\pi r$ がド・ブロイ波長 λ の整数倍になり定在波（定常波）となると仮定する（$n = 0, \pm 1, \pm 2, \cdots$）．したがって，ド・ブロイ波長は

$$2\pi r = n\lambda = n\frac{h}{p} = n\frac{h}{m_e v} \tag{17.13}$$

で与えられ，角運動量 $\vec{L} = \vec{r} \times \vec{p}$，$L = m_e vr$ は次のように量子化[注12]される．

$$L = m_e vr = n\frac{h}{2\pi} = n\hbar, \quad \hbar \equiv \frac{h}{2\pi} \tag{17.14}$$

注12）量子化とは，とびとびの値をもつことである．

ここで，$\hbar$ は h を 2π で割った値をもつ定数で，**ディラック定数**とも呼ばれる．したがって，式（17.14）より

$$v^2 = n^2 \left(\frac{h}{2\pi m_e r}\right)^2 = \frac{e^2}{4\pi\varepsilon_0 m_e r} \tag{17.15}$$

$$r = n^2 \left(\frac{h}{2\pi m_e}\right)^2 \frac{4\pi\varepsilon_0 m_e}{e^2} = n^2 \left(\frac{\varepsilon_0 h^2}{\pi m_e e^2}\right) \tag{17.16}$$

となるので，全エネルギー E_n は式（17.12）と式（17.16）より

$$E_n = -\frac{e^2}{8\pi\varepsilon_0} \left(\frac{\pi m_e e^2}{\varepsilon_0 h^2} \frac{1}{n^2}\right) = -\left(\frac{m_e e^4}{8\varepsilon_0^2 h^2}\right) \frac{1}{n^2} \tag{17.17}$$

と与えられる．n 番目と m 番目の準位間の電子遷移が水素原子の輝線発光スペクトルに対応すると考えると，

$$h\nu = E_n - E_m = \left(\frac{m_e e^4}{8\varepsilon_0^2 h^2}\right) \left(\frac{1}{m^2} - \frac{1}{n^2}\right) \tag{17.18}$$

となり，リュードベリの公式（式（17.8））を説明できる（c は**光速**（light speed））．

$$\frac{1}{\lambda} = \frac{\nu}{c} = \left(\frac{m_e e^4}{8\varepsilon_0^2 h^3 c}\right) \left(\frac{1}{m^2} - \frac{1}{n^2}\right), \quad n > m \tag{17.19}$$

　電子を古典的な粒子として考えるボーアの原子モデルは**前期量子論**とも呼ばれているが，電子のエネルギー準位が離散化されていることを示した意味はとてつもなく大きい．このようにボーアの原子モデルは，当初非常に成功したように思えたが，バルマー系列の輝線発光スペクトルはすべて 2 本に分裂していることや，磁場を加えると線スペクトルは何本かに分裂することなどが説明できなかった．これらは後の量子力学理論によって解決されたのである．

　この「粒子であるのに波動性をもつこと」をどのように解釈したらいいのであろうか．黒体輻射のスペクトルに対してプランクは光子のエネルギーが「飛び飛び」であるというエネルギー量子仮説をもとに説明した（1900 年）．アインシュタインはプランクの考え方を発展させて，光子についてエネルギー E および運動量 p に対して以下の関係式が成立する光量子仮説を示した（1905 年）．

$$E = h\nu \tag{17.20}$$

$$p = \frac{h\nu}{c} = \frac{h}{Tc} = \frac{h}{\lambda} = \hbar k \tag{17.21}$$

ここで，$T \equiv 1/\nu$ である．式（17.20）についてはミリカンの光電効果の測定

　　原子番号 Z の重い原子をボーアの原子モデルで考えると，遠心力と静電力のつり合いより，

$$\frac{Ze^2}{4\pi\varepsilon_0 r^2} = \frac{m_\mathrm{e} v^2}{r}$$

となる．ボーアの量子化条件より一番内殻の 1s 軌道($n=1$)において，

$$2\pi r = \lambda = \frac{h}{p} = \frac{h}{m_\mathrm{e} v}, \quad v = \frac{h}{2\pi r m_\mathrm{e}}$$

となる．この 2 つの式から r を消去すると

$$v = \frac{Ze^2}{2\varepsilon_0 h} = 2.1877 \times 10^6\, Z\,\left[\mathrm{m\,s^{-1}}\right]$$

となる．1s 軌道の回転速度は原子番号に比例する．水素でも光速 $c(=299792458\ \mathrm{m\,s^{-1}})$ の 0.7 % ぐらいである．現実には光速に近くなると相対論効果が効いてくるので，あくまで仮定の話ではあるが，原子が重くなって v が光速になる原子番号 Z_max を求めると，

$$Z_\mathrm{max} = \frac{2\varepsilon_0 hc}{e^2} = \frac{1}{\alpha} = 137.036$$

という無次元量になる．これは，**微細構造定数**(fine structure constant)α といわれている量の逆数である．現在最も重い原子は原子番号 118 のオガネソン Og(ちなみにニホニウム Nh は原子番号 113)であり，原子核の安定性も考慮しなくてはならない．

注13)ミリカンは真空中の陰極に光を当て電流を測定した．電流は光の強度ではなく光の振動数 ν に依存することを見出した．

注14)光子の運動量については，発展 2.1(1巻32ページを参照)で述べたが，[Web] 17-1に別の解き方を示した．

注15)物質と光，ルイ・ドゥ・ブロイ(著)，河野与一(訳)，岩波文庫，1972に収録されている高林武彦氏による解説．

(1916 年)(注13)，式(17.21)についてはコンプトン効果の測定(1923 年)(注14)から，それぞれの式の正しさが後に証明された．

　　ド・ブロイは光子についてアインシュタインが導いた上記の式を，右から左に眺めて(注15)，電子などの物質にも適用可能ではないかと提案した(1924 年)．この考えを，アインシュタインは支持し，量子力学のその後の発展に向かっての大きな役割を果たした．ド・ブロイ波は，16 章で示したデイヴィソンとガーマーの Ni 単結晶表面からの電子の回折実験により証明されることになる(1927 年)．波の性質を表す波動方程式と上の 2 つの方程式を組み合わせることで，量子力学の基本である**シュレーディンガー方程式**(Schrödinger equation)が得られることを次節で示す．

17.4　波動方程式

注16)「伝搬・でんぱん」は間違いである．

　　波は，媒質のある物理量が周期的に変化し，それが**伝播**(でんぱ，propagation)(注16)していくと考えられる．音波なら媒質は空気の密度で，波の進行方向に対して粗密になって伝播していき(縦波)，電磁波なら**電場**(electric field)と**磁場**(magnetic field)が波の進行方向と直角に変位して伝播していく(横波)．このように波は，空間と時間で指定される関数によって表される．

　　いま，波の進行方向を x 方向とし，ある時間 t，位置 x での**変位**(displacement)を $u(x, t)$ とする．時間 $t=0$ での変位を $f(x)$ とすれば，$f(x) = u(x, 0)$ で

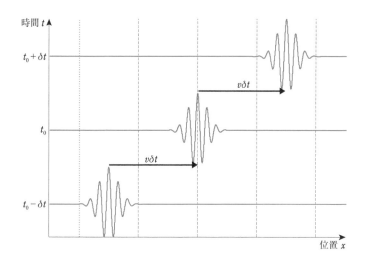

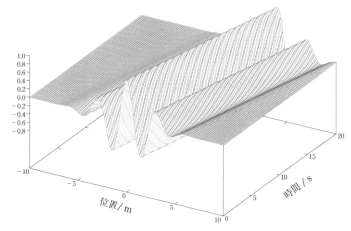

図17.10　波束の+x方向への伝播
波束がその形を変えないで，正の方向に速度+vで進む．

ある．ここで，この変位は一定の形を保ったまま，一定の速度vで$+x$方向に伝播していくものとする（**図 17.10**）[注17]．

$+\delta t$ 時間後の波は，その場所から$-v\delta t$さかのぼった場所の波であるので，

$$u(x,\delta t) = f(x - v\delta t) \tag{17.22}$$

となる．同様に，

$$u(x,-\delta t) = f(x + v\delta t) \tag{17.23}$$

も成立する．δtをtで置き換えると，式(17.22)は

$$u(x,t) = f(x - vt) \tag{17.24}$$

となる．変位が$-x$方向に進む場合は，vを$-v$に変えればよく，

注17）波が弱まったり形が変化したりすることもあるが，短い時間の範囲では近似的に成立すると考える．

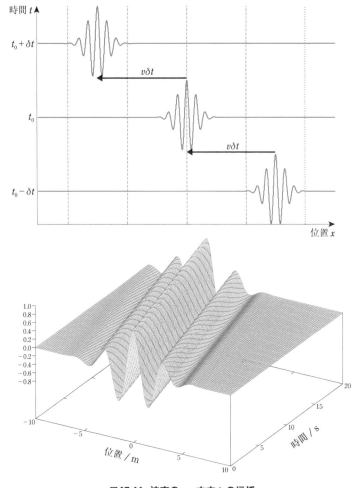

図17.11　波束の−x方向への伝播
波束がその形を変えないで，負の方向に速度−vで進む．

$$u(x,-t) = f(x+vt) \tag{17.25}$$

となる（**図17.11**）．Xを次式のように定義すると，fは$f(X)$となる．そしてuを，xおよびtで偏微分する．

$$X \equiv x - vt, \quad u(x,t) = f(x-vt) = f(X) \tag{17.26}$$

$$\frac{\partial u}{\partial x} = \frac{\partial X}{\partial x}\frac{\mathrm{d}f}{\mathrm{d}X} = \frac{\mathrm{d}f}{\mathrm{d}X} \tag{17.27}$$

$$\frac{\partial^2 u}{\partial x^2} = \frac{\partial}{\partial x}\frac{\mathrm{d}f}{\mathrm{d}X} = \frac{\partial X}{\partial x}\frac{\partial}{\partial X}\frac{\mathrm{d}f}{\mathrm{d}X} = \frac{\mathrm{d}^2 f}{\mathrm{d}X^2} \tag{17.28}$$

$$\frac{\partial u}{\partial t} = \frac{\partial X}{\partial t}\frac{\mathrm{d}f}{\mathrm{d}X} = -v\frac{\mathrm{d}f}{\mathrm{d}X} \tag{17.29}$$

$$\frac{\partial^2 u}{\partial t^2} = -v\frac{\partial}{\partial t}\frac{\mathrm{d}f}{\mathrm{d}X} = -v\frac{\partial X}{\partial t}\frac{\partial}{\partial X}\frac{\mathrm{d}f}{\mathrm{d}X} = v^2\frac{\mathrm{d}^2 f}{\mathrm{d}X^2} \tag{17.30}$$

式(17.28)と式(17.30)より，

$$\frac{\partial^2 u}{\partial t^2} = v^2 \frac{\partial^2 u}{\partial x^2} \tag{17.31}$$

が得られる．$f(x+vt)$ あるいは $f_1(x-vt)+f_2(x+vt)$ についても同様な式が得られる．式(17.31)は**波動方程式**(wave equation)と呼ばれ，時間および空間に関して2階の偏微分方程式となっている．また，それぞれの解の足し算もまた波動方程式の解になっていることは，線形性あるいは**重ね合わせの原理**(superposition principle)が成り立つことを意味する．逆に，式(17.31)の方程式を満たす関数は，$f(x-vt), f(x+vt), f_1(x-vt)+f_2(x+vt)$ となることも示すことができる(注18)．

注18) Web 17-2を参照．

一般的な波の性質を調べるには，波は時間・空間において周期的であり，その周期的な性質を調べておけば，周期的な関数での解析が可能になる．周期的な波は，一般に**オイラーの式**(Euler's formula)で与えられ，

$$Ae^{i(kx-\omega t)} = A\cos(kx-\omega t) + iA\sin(kx-\omega t) \tag{17.32}$$

と書ける(注19)．正弦関数 sin と余弦関数 cos は周期 2π の関数である．$t=0$ のとき，$kx=0, 2\pi$ で1周期となる．$x=0$ から波長 λ で1周期となるので，$k\lambda=2\pi, k=2\pi/\lambda$ となる．また，$x=0$ のとき，$\omega t=0, 2\pi$ で1周期となる．$t=0$ から周期 T で1周期となるので，$T=2\pi/\omega$ となる．$\omega=2\pi\nu$ で振動数 ν を定義すれば，$\nu=\dfrac{1}{T}$ となる．ω は**角振動数**(angular frequency)と呼ばれる．$\exp(i\theta)$ の θ に相当する $kx-\omega t$ は**位相**(phase)と呼ばれる．余弦関数 cos の波において一番振幅が正方向に大きいのは位相がゼロ($kx-\omega t=0$)のところである．その位置は $x=(\omega/k)t$ となり，$+x$ 方向に進行する波となる．また，このときの波の移動速度を**位相速度**(phase velocity)といい，$v=\omega/k$ となる．したがって $-x$ 方向に進行する波は $Ae^{i(kx+\omega t)}$ となる．式(17.31)の時間と空間に関する部分は変数分離できて，時間に関する振動を

注19) オイラーの式の証明は Web 17-2を参照．

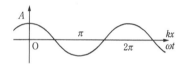

$$e^{-i\omega t} \equiv \cos(\omega t) - i\sin(\omega t) \tag{17.33}$$

と記述できるとすると，変位 $u(x,t)$ は次式のように記述できる(注20)．

注20) Web 17-2を参照．

$$u(x,t) = \psi(x)e^{-i\omega t} \tag{17.34}$$

ここで，$\omega=2\pi\nu$ で，$h\nu/c=\hbar k$ であるので，$\omega/c=k$ となる．式(17.34)を式(17.31)に代入すると，

$$-\omega^2\psi(x) = v^2 \frac{\partial^2 \psi(x)}{\partial x^2} = -v^2 k^2 \psi(x) \tag{17.35}$$

が得られる．この式変形には次の関係を用いた．

$$\psi(x) = \psi(0)e^{ikx} \tag{17.36}$$

なぜなら，$e^{ikx}=\cos(kx)+i\sin(kx)$ であるが，波の空間依存性は $\cos(kx)=\cos(2\pi x/\lambda)$ と書くことができるからである．ここでは述べないが，量子力学では，オイラーの公式を使って e^{ikx} のように，複素数で波を書くことに本質的な意味がある．式(17.35)を書き換えると，$v=c$ なので $\omega^2/v^2=k^2$ とな

り，

$$\frac{\partial^2 \psi(x)}{\partial x^2} + \frac{\omega^2}{v^2}\psi(x) = \frac{\partial^2 \psi(x)}{\partial x^2} + k^2\psi(x) = 0 \tag{17.37}$$

と与えられる．運動量を p と書くと，全エネルギー E は，運動エネルギー $p^2/(2m)$ とポテンシャルエネルギー V の和であり，

$$E = \frac{p^2}{2m} + V = \frac{(\hbar k)^2}{2m} + V \tag{17.38}$$

$$k^2 = \frac{2m(E-V)}{\hbar^2} \tag{17.39}$$

となる．ここで，式(17.21)を使った．式(17.39)を式(17.37)に代入し，

$$\frac{\partial^2 \psi(x)}{\partial x^2} + \frac{2m(E-V)}{\hbar^2}\psi(x) = 0 \tag{17.40}$$

これを少し整理すると，

$$\left(-\frac{\hbar^2}{2m}\frac{\partial^2}{\partial x^2} + V\right)\psi(x) = E\psi(x) \tag{17.41}$$

となり，これが1926年に導かれた**（時間に依存しない）シュレーディンガー方程式**である．ψ は**波動関数**と呼ばれる量で，その絶対値の二乗が**存在確率**（existence probability）となるだけでなく，光でも測定された波としての干渉が，電子・原子・分子の波動関数でも観測されている．

　ここまで述べてきたシュレーディンガー方程式の導出法には，「不確定性原理から導く」という哲学が入っていないので，この手法は伝統的な導出方法ではない．不確定性原理から位置と運動量の交換関係という関係を導き，「運動量を微分演算子とみなせば，位置と運動量の交換関係を満たす」という考え方でシュレーディンガー方程式を導入するのがオーソドックスである．18章でその方法を述べる．

　波動関数を $\psi = Ae^{i(kx-\omega t)}$ と書けることに留意し，ψ に2つの微分 $-i\hbar(\partial/\partial x)$ と $i\hbar(\partial/\partial t)$ を作用させると，

$$-i\hbar\frac{\partial}{\partial x}\psi = -i\hbar(ik)\psi = \hbar k\psi = p\psi \tag{17.42a}$$

$$i\hbar\frac{\partial}{\partial t}\psi = i\hbar(-i\omega)\psi = \hbar\omega\psi = h\nu\psi = E\psi \tag{17.42b}$$

となる．したがって，式(17.42a)と(17.42b)から運動量 p とエネルギー E には以下の対応関係があることがわかる．

$$-i\hbar\frac{\partial}{\partial x} \quad \Leftrightarrow \quad p \tag{17.43a}$$

$$i\hbar\frac{\partial}{\partial t} \quad \Leftrightarrow \quad E \tag{17.43b}$$

　18章で証明するように，この関係は「不確定性に基づく交換関係」からも得られる．式(17.43b)のエネルギーと時間の関係を，時間に依存しないシュレーディンガー方程式に代入すると

Erwin Schrödinger（1887-1961）
オーストリア出身の理論物理学者．1926年（29歳）に波動力学の提唱を行った．これまでの学問体系を古典といわしめるほどの大革命を起こしたシュレーディンガーおよびハイゼンベルクが20代であったというのは驚くべきことである．著書『生命とは何か』により，生物物理学への道も開いた．私生活では，結婚制度をブルジョア価値観と軽蔑し，奔放であったといわれている．

$$ih\frac{\partial}{\partial t}\psi(x,t) = \left(-\frac{\hbar^2}{2m}\frac{\partial^2}{\partial x^2} + V\right)\psi(x,t) \tag{17.44}$$

となる．これが**時間依存のシュレーディンガー方程式**と呼ばれるものである．また，$H = -\frac{\hbar^2}{2m}\frac{\partial^2}{\partial x^2} + V$ は**ハミルトン演算子**（Hamiltonian，**ハミルトニアン**）と呼ばれ，式(17.44)は次のように書かれる．

$$ih\frac{\partial}{\partial t}\psi(x,t) = H\psi(x,t) \tag{17.45}$$

波動関数 $\psi(x, t)$ が時間と空間に変数分離され，$\psi(x, t) = \phi(x)f(t)$ と書かれるとする．H は座標に関する演算子のみを含むので，

$$ih\phi(x)\frac{\partial f(t)}{\partial t} = f(t)H\phi(x) \tag{17.46a}$$

$$\frac{ih}{f(t)}\frac{\partial f(t)}{\partial t} = \frac{1}{\phi(x)}H\phi(x) \tag{17.46b}$$

となる．<u>H は座標に関する演算子のみを含むので H と ϕ の順番を交換してはいけない．</u>左辺は時間 t だけの関数で，右辺は x だけの関数であるので，両辺がどの x, t でも等しくなるには，ある定数 E に等しいとすればよい．

$$\frac{1}{\phi}H\phi = E \quad \Rightarrow \quad H\phi = E\phi \tag{17.47a}$$

$$\frac{ih}{f}\frac{\partial f}{\partial t} = E \quad \Rightarrow \quad \frac{\partial f}{\partial t} = -\frac{i}{\hbar}Ef \tag{17.47b}$$

式(17.47b)を解くと，$f(t) = e^{-i(E/\hbar)t}$ となる．$E = h\nu = \hbar\omega$ とすれば元の式に戻る．$\psi = \phi e^{-i(E/\hbar)t}$ となるので，その存在確率は

$$\psi^*(x,t)\psi(x,t)\mathrm{d}x = \phi^*(x)e^{i\left(\frac{E}{\hbar}\right)t}\phi(x)e^{-i\left(\frac{E}{\hbar}\right)t}\mathrm{d}x = \phi^*(x)\phi(x)\mathrm{d}x \tag{17.48}$$

となり，存在確率密度である波動関数の複素共役と波動関数の積は時間によらず保存されることがわかる．

最後に，通常の量子化学の教科書の流れでは，時間に依存しないシュレーディンガー方程式を1次元井戸型ポテンシャル系，原子系，分子系に拡張していく手法が述べられるが，本書では量子力学の形式論を18章で簡単に述べたい．

17.1 位置と運動量の不確定性について述べなさい.

17.2 ド・ブロイ波について説明しなさい. 質量 430 g, 速度 100 km h^{-1} のサッカーボール, 速度 200 m s^{-1} の C$_{60}$, エネルギー 100 eV の電子のド・ブロイ波長をそれぞれ求めなさい.

（略解：サッカーボール 5.5×10^{-35} m, C$_{60}$ 2.8 pm, 電子 1.2 Å）

17.3 式(17.22)～式(17.30)から波動方程式(17.31)を導きなさい.

17.4 オイラーの式 $\exp(i\theta) = \cos\theta + i\sin\theta$ を, テイラー展開を使って証明しなさい.

17.5 $\exp[i(kx - \omega t)]$ が波動方程式(17.31)を満たすことを示しなさい. また, 波数 k と角振動数 ω の関係を記しなさい.

17.6 波動方程式から時間に依存しないシュレーディンガー方程式(17.41)を導きなさい.

第18章

量子力学の形式論

> 「朝起きたときに，きょうも一日数学をやるぞ，と思っているようでは，とてもものにはならない．数学を考えながら，いつのまにか眠り，朝，目が覚めたときはすでに数学の世界に入っていなければならない．どのくらい，数学に浸っているかが，勝負の分かれ目だ．数学は自分の命を削ってやるようなものなのだ．」
>
> 佐藤幹夫，筑波フォーラム 45, 104-107, 1996 年 11 月.

ここまでは，量子力学の考え方を述べてきたが，深く理解するためには形式論すなわち数式化が必要である．18 章では，形式論について述べる．数式が多いように見えるが，その意味をかみしめてほしい．

18.1　波動関数の規格化

17 章でも述べたが，式 (17.41) のシュレーディンガー方程式で表される系の状態は波動関数 ψ によって規定される．位置が $\mathbf{r} = (x, y, z)$ で，$d\mathbf{r} = (dx, dy, dz)$ の微小空間での**存在確率**は

$$|\psi|^2 \, d\mathbf{r} = \psi^* \psi \, d\mathbf{r} \tag{18.1}$$

で表される(注1)．ただし，確率であればその総和は 1 となるので，

$$\iiint \psi^*(x, y, z)\psi(x, y, z)\,dx\,dy\,dz = \int \psi^*(\mathbf{r})\psi(\mathbf{r})\,d\mathbf{r} = 1 \tag{18.2}$$

となる．これを**波動関数の規格化**という．積分は関数空間での内積を表している．これを**ディラックの記法**（Dirac's notation, bra-ket notation）で書くと，次のようになる（ Web 18-1 を参照）．

$$\langle \psi | \psi \rangle \equiv \int \psi^*(\mathbf{r})\psi(\mathbf{r})\,d\mathbf{r} = 1 \tag{18.3}$$

17 章で求めた時間依存のシュレーディンガー方程式を使うと，この規格化は常に時間に依存せず成立することが示せる（ Web 18-2 を参照）．

18.2　演算子

波動関数 ψ に微分など何かを作用させるものを**演算子**（operator）といい，以後 ^（ハット）を記号の上につける．x 方向への運動量演算子 $\hat{P}_x$ は $\hat{P}_x = -i\hbar (\partial/\partial x)$ で表され，ハミルトン演算子（ハミルトニアン）は $\hat{H} \equiv -(\hbar^2/2m)(\partial/\partial x^2) + V(x)$ で表される(注2)．これらの演算子 $\hat{O}$ は，c を定数とすると

$$\hat{O}(c\psi) = c\hat{O}(\psi) \tag{18.4a}$$

Paul Dirac（1902–1984）

THE STRANGEST MAN : the hidden life of Paul Dirac, quantum genius（G. Farmelo Faber & Faber 2009）という本があるくらいに，天才肌だったようだ．あまりにも寡黙なので，彼のおしゃべりをもとに Dirac 単位というおしゃべり度を定義したというジョークもある．「シュレーディンガー方程式」からディラックは量子力学に特殊相対性理論を組み込んだ「ディラック方程式」を作りあげた．ディラックが書いた教科書 *The principles of quantum mechanics* は量子力学を学ぶ者にとっては must read の本となっている．そこには，ブラケット記述法やデルタ関数などの新たにディラックが作った新しいアイデアがちりばめられている．そのことは，本書で述べたファインマンと通じるところがある．「ファインマンは第二のディラックだ．唯一の違いは，今度のディラックは人間だというところだ」（ユージン・ウィグナー）というジョークでよくわかる．

注1) 複素数 z を $z = x + iy$ と書く．$i = \sqrt{-1}$ である．z の二乗は $z^2 = x^2 - y^2 - 2ixy$ である．複素数 z の複素共役 z^* は $z^* = x - iy$ で定義され，$z^* z = x^2 + y^2$ となるので，複素数の絶対値の二乗は $|z|^2 \equiv z^* z$ と定義される．

$$\hat{O}(\psi_1 + \psi_2) = \hat{O}(\psi_1) + \hat{O}(\psi_2) \tag{18.4b}$$

を満たし，**線形演算子**といわれる．これらの関係は，線形代数で波動関数 ψ がベクトル，$\hat{O}$ が行列であることを思い出させる．18.3 節で示すように，古典力学における観測量は，量子力学において対応する線形演算子が存在することが知られている(注3)．

注3) 例えば，演算子は関数に対する操作を表すものであり，物理量を表す変数とは異なる概念であるので，直接等しい($=$で結ぶ)とすることはできない．ただし，対応をつけることができる．

18.3 固有値問題

M を行列，$\mathbf{a}$ をベクトル，λ を定数として，

$$M\mathbf{a} = \lambda \mathbf{a} \tag{18.5}$$

注4) 演習で学ぶ 科学のための数学, D. S. Sivia, S. G. Rawlings(著)，山本雅博，加納健司(訳)，化学同人(2018)の9章を参照．

の関係が成立するとき，$\mathbf{a}$ を M の**固有ベクトル**，λ をその**固有値**と呼ぶ(注4)．同様に，

$$\hat{O}\psi = \lambda \psi \tag{18.6}$$

となるとき，ψ を $\hat{O}$ の**固有関数**，λ をその**固有値**と呼ぶ．上で述べた観測量は量子力学演算子 $\hat{O}$ の固有値でなければならない．すなわち，演算子 $\hat{O}$ に関連した固有関数を ψ_n，固有値を o_n とすると，**固有方程式**は

$$\hat{O}\psi_n = o_n\psi_n \iff \hat{O}|\psi_n\rangle = o_n|\psi_n\rangle \tag{18.7}$$

となる．ψ_n が規格化されていれば，

$$\int \psi_n^*(\mathbf{r})\hat{O}\psi_n(\mathbf{r})\mathrm{d}\mathbf{r} = \int \psi_n^*(\mathbf{r})o_n\psi_n(\mathbf{r})\mathrm{d}\mathbf{r} = o_n\int \psi_n^*(\mathbf{r})\psi_n(\mathbf{r})\mathrm{d}\mathbf{r} = o_n$$
$$\iff \tag{18.8}$$
$$\langle\psi_n|\hat{O}|\psi_n\rangle = \langle\psi_n|o_n|\psi_n\rangle = o_n\langle\psi_n|\psi_n\rangle = o_n$$

で固有値は与えられる．固有値は観測量(物理量)であるから基本的に実数である(注5)．

注5) 最近では，固有値が複素数でもよいと拡張されている．非エルミート演算子でも問題ない．

固有値が実数であれば，それに対応する演算子はエルミート演算子であることを以下に示す．式(18.16)までの定式化のところは，とりあえず読み飛ばしてもかまわない．まず，$(\phi, \hat{O}\psi) = (\hat{O}^\dagger\phi, \psi)$ $\iff$ $\langle\phi|\hat{O}|\psi\rangle = \langle\hat{O}^\dagger\phi|\psi\rangle$ を満たす演算子 $\hat{O}^\dagger$ を**共役演算子**といい，さらに $\hat{O}^\dagger = \hat{O}$ を満たすような演算子を**エルミート演算子**と呼ぶ．演算子 $\hat{O}$ がエルミート演算子であるとき，式(18.9)〜式(18.17)の関係を満たす．演算子 $\hat{O}$ のエルミート共役 $\hat{O}^\dagger$ を式(18.9)のように定義する．

$$\int \psi_m^*(x)\hat{O}^\dagger\psi_n(x)\mathrm{d}x = \left(\int \psi_n^*(x)\hat{O}\psi_m(x)\mathrm{d}x\right)^* = \int \psi_n(x)\hat{O}^*\psi_m^*(x)\mathrm{d}x \tag{18.9}$$

$$\langle\psi_m|\hat{O}^\dagger|\psi_n\rangle = \langle\psi_n|\hat{O}|\psi_m\rangle^* = \langle\hat{O}\psi_m|\psi_n\rangle \tag{18.10}$$

$$\hat{O}^*\psi_m^* = (\hat{O}\psi_m)^* = (o_m\psi_m)^* = o_m^*\psi_m^* \tag{18.11a}$$

$$\int \psi_m^*(x)\hat{O}^\dagger \psi_n(x)\mathrm{d}x = o_m^* \int \psi_m^*(x)\psi_n(x)\mathrm{d}x \tag{18.11b}$$

$\hat{O}^\dagger = \hat{O}$ なので

$$\int \psi_m^*(x)\hat{O}\psi_n(x)\mathrm{d}x = o_n \int \psi_m^*(x)\psi_n(x)\mathrm{d}x \tag{18.12}$$

$$\langle \psi_m | \hat{O} | \psi_n \rangle = \langle \psi_m | \hat{O}\psi_n \rangle \tag{18.13}$$

式(18.9)と式(18.12)は等しいので,

$$o_n \int \psi_m^*(x)\psi_n(x)\mathrm{d}x = o_m^* \int \psi_m^*(x)\psi_n(x)\mathrm{d}x$$
$$(o_n - o_m^*)\int \psi_m^*(x)\psi_n(x)\mathrm{d}x = 0 \tag{18.14}$$

$$n = m \implies \int \psi_m^*(x)\psi_n(x)\mathrm{d}x = 1,\ o_n - o_m^* = 0,\ o_n = o_m^* \tag{18.15}$$

となり, 固有値は実数であることが証明できた. また, $n \neq m$ のとき,

$$o_n \neq o_m \implies \int \psi_m^*(x)\psi_n(x)\mathrm{d}x = 0,\ \langle \psi_m | \psi_n \rangle = 0 \tag{18.16}$$

となり, 異なる固有値に対応する固有関数の内積はゼロとなる. これを, 固有関数 ψ_m と ψ_n が互いに直交するという.

以下に示すクロネッカーの $\delta_{n,m}$ を使うと, より一般的に次のように書くことができる.

$$\int \psi_m^*(x)\psi_n(x)\mathrm{d}x = \delta_{n,m},\ \langle \psi_m | \psi_n \rangle = \delta_{n,m}$$
$$\delta_{n,m} = \begin{cases} 0, & n \neq m \\ 1, & n = m \end{cases} \tag{18.17}$$

18.4　演算子の交換関係

次に, 演算子 $\hat{A}, \hat{B}$ を連続して波動関数に作用させることを考えよう. 作用させる順番を変えても結果が同じなら, 以下の式から $\hat{A}, \hat{B}$ は**可換である**といい, その交換関係 $[\hat{A}, \hat{B}]$ はゼロとなる.

$$\hat{A}\hat{B}\psi = \hat{B}\hat{A}\psi,\ \left(\hat{A}\hat{B} - \hat{B}\hat{A}\right)\psi = 0$$
$$\left[\hat{A}, \hat{B}\right] \equiv \hat{A}\hat{B} - \hat{B}\hat{A} = 0 \tag{18.18}$$

可換な演算子の例として, 運動エネルギー演算子 $\hat{K}_x = -\dfrac{\hbar^2}{2m}\dfrac{\mathrm{d}^2}{\mathrm{d}x^2}$ と運動量演算子 $\hat{P}_x = -i\hbar\dfrac{\mathrm{d}}{\mathrm{d}x}$ がある. 微分演算子どうしは交換しても, $\hat{K}_x\hat{P}_x\psi$ と $\hat{P}_x\hat{K}_x\psi$ は同じ結果となるからである. 作用させる順番を変えて結果が異なる場合は, $\hat{A}, \hat{B}$ は**非可換である**といい, その交換関係 $[\hat{A}, \hat{B}]$ はゼロにならない.

$$\hat{A}\hat{B}\psi \neq \hat{B}\hat{A}\psi, \quad \left(\hat{A}\hat{B} - \hat{B}\hat{A}\right)\psi \neq 0$$

$$\left[\hat{A}, \hat{B}\right] \equiv \hat{A}\hat{B} - \hat{B}\hat{A} \neq 0$$

(18.19)

非可換な演算子としての例として，運動量演算子 $\hat{P}_x = -i\hbar\dfrac{\mathrm{d}}{\mathrm{d}x}$ と位置の演算子 $\hat{X} = x$ の例がある (注6)(注7)．

注6) x は波動関数に対して具体的に作用しないが，演算子とみなせる．

注7) $\hat{I}$ は恒等演算子である． $\hat{I}^4 = 4$, $\hat{I} = 1$ である．

$$\hat{P}_x\hat{X}\psi = -i\hbar\frac{\mathrm{d}}{\mathrm{d}x}(x\psi) = -i\hbar\left(1 + x\frac{\mathrm{d}}{\mathrm{d}x}\right)\psi$$

$$\hat{X}\hat{P}_x\psi = x\left(-i\hbar\frac{\mathrm{d}}{\mathrm{d}x}\right)\psi$$

$$\left[\hat{P}_x\hat{X} - \hat{X}\hat{P}_x\right]\psi = -i\hbar\psi$$

$$\left[\hat{P}_x, \hat{X}\right] = -i\hbar\hat{I}$$

(18.20)

好きな人と交換すると効果はゼロではなくて… ただ，二人の関係は不確定で，それは交換関係がゼロでないことが不確定性を意味しているからですね．

注8) 一般には，確率変数のすべての値に確率の重みをつけた加重平均として定義される．

18.5　交換関係と不確定性

　演算子の交換関係には，以下に示すように**不確定性**という大変重要な関係がある．ある演算子に対応する観測量は演算子の期待値(注8)，$\langle\hat{A}\rangle = \int\psi^*(x)\hat{A}\psi(x)\mathrm{d}x = \langle\psi|\hat{A}|\psi\rangle$ として表される．いま，$\Delta\hat{A} = \hat{A} - \langle\hat{A}\rangle$ という演算子を考えると，その二乗は $\left(\Delta\hat{A}\right)^2 = \hat{A}^2 - 2\hat{A}\langle\hat{A}\rangle + \langle\hat{A}\rangle^2$ で与えられ，その期待値は，

$$\left\langle\psi\left|\left(\Delta\hat{A}\right)^2\right|\psi\right\rangle = \left\langle\left(\Delta\hat{A}\right)^2\right\rangle = \left\langle\left(\hat{A} - \langle\hat{A}\rangle\right)^2\right\rangle$$

$$= \left\langle\hat{A}^2 - 2\hat{A}\langle\hat{A}\rangle + \langle\hat{A}\rangle^2\right\rangle = \langle\hat{A}^2\rangle - 2\langle\hat{A}\rangle\langle\hat{A}\rangle + \langle\hat{A}\rangle^2 = \langle\hat{A}^2\rangle - \langle\hat{A}\rangle^2$$

(18.21)

となる．ここで，$\langle\hat{A}^2\rangle = \langle\psi|\hat{A}^2|\psi\rangle$ である．期待値はある意味平均値とみなせ，平均値からのずれの二乗の期待値として分散は定義される．分散がゼロであれば観測量は完全に確定され，ゼロでなければ不確定性をもつと解釈できる．不確定性を表す量として，$\Delta\hat{A}$ を以下のように定義する．

$$\Delta\hat{A} \equiv \sqrt{\left\langle\left(\Delta\hat{A}\right)^2\right\rangle} = \sqrt{\langle\hat{A}^2\rangle - \langle\hat{A}\rangle^2}$$

(18.22)

　いま，演算子 $\hat{A}, \hat{B}$ に対しての不確定性の積 $\Delta\hat{A}\Delta\hat{B}$ は，以下の不等式を満たすことが証明できる（ Web 18-3 を参照）．

$$\Delta\hat{A}\Delta\hat{B} \geq \frac{1}{2}\left|\int\psi^*(x)\left[\hat{A}, \hat{B}\right]\psi(x)\mathrm{d}x\right| = \frac{1}{2}\left|\left\langle\left[\hat{A}, \hat{B}\right]\right\rangle\right|$$

(18.23)

　$\hat{A}, \hat{B}$ が可換であれば，$\Delta\hat{A}\Delta\hat{B} \geq 0$ となり，言い換えると任意の精度で同時測定が可能となる．

18.5.1 位置と運動量の交換関係と不確定性

非可換の場合，例えば $[\hat{P}_x, \hat{X}] = -i\hbar\hat{I}$ であれば，

$$\Delta P_x \Delta x \geq \frac{1}{2}\left|\int \psi^*(x)\left[\hat{P}_x, \hat{X}\right]\psi(x)\mathrm{d}x\right|$$
$$= \frac{1}{2}\left|\int \psi^*(x)(-i\hbar\hat{I})\psi(x)\mathrm{d}x\right| = \frac{1}{2}|-i\hbar| = \frac{\hbar}{2} \tag{18.24}$$

となる．非可換であれば，任意の精度で同時測定することは不可能で，その不確定性には最低値（上の例では $\frac{\hbar}{2}$）が存在する．このように，運動量演算子と位置演算子が非可換であることと不確定性には，直接の対応関係がある．運動量演算子が微分演算子となると位置演算子との交換ができないことがここに由来するといってもよい．

18.5.2 時間とエネルギーの交換関係と不確定性

時間とエネルギーの不確定性にも触れておこう．位置の不確定性 Δx をもつ波束（粒子）が速度 v で移動しているとする．粒子が通過する時間 Δt は，$\Delta t = \frac{\Delta x}{v} = \frac{m\Delta x}{p}$ である．粒子としての全エネルギー E は運動エネルギーであり，$E = \frac{p^2}{2m}$ である．粒子としての運動量の不確定性を Δp とすると，$\Delta E = \frac{2p\Delta p}{2m}$ $= \frac{p\Delta p}{m}$ である．したがって，

$$\Delta E \Delta t = \frac{p\Delta p}{m}\frac{m\Delta x}{p} = \Delta p \Delta x \geq \frac{\hbar}{2} \tag{18.25}$$

となる．時間とエネルギーの不確定性は，位置と運動量の不確定性と同じ不等号をもつ．時間とエネルギーの不確定性はトンネル効果で主要な役割を果たす(注9)．

注9）19章で詳しく述べるが，古典的に乗り越えられない壁を量子力学ではすり抜けることがあり，これをトンネル効果という．例えば壁をすり抜ける時間が短時間である薄い障壁の場合，エネルギーに不確定性が現れ，障壁を越えるエネルギーをもって壁をすり抜ける．またフェムト秒（10^{-15}秒）レベルの超短パルスレーザーでは，パルスの存在時間があまりにも短いために，通常であればエネルギーが単色のレーザー光のエネルギー（波長）幅が広がる．

18.5.3 位置と角運動量の交換関係と不確定性

別の例として，位置と角運動量の不確定性がある．ここでは，回転する物質の運動を考える．質量 m をもつ物質が一定速度 v で半径 r の円周を回ると仮定しよう（**図 18.1**）．時間 T で1周回るとすると，円周の長さは $2\pi r$ なので，速度は $v = 2\pi r/T$ となる．角速度は $\omega = 2\pi/T$ で定義されるので，$v = r\omega$ となる．物質の運動エネルギー $mv^2/2$ は $mr^2\omega^2/2$ となり，これを $I\omega^2/2$ と書く．$mv^2/2$ と対応させると，$(v \Leftrightarrow \omega)$，$(m \Leftrightarrow I)$ が対応することになり，$I \equiv mr^2$ を慣性モーメントと呼ぶ．

この対応関係を使って，運動量 mv に対して角運動量

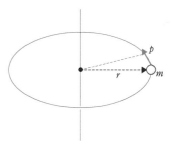

図18.1 物質の回転運動：慣性モーメント，角運動量

$$L \equiv I\omega = mr^2\omega = rmr\omega = rmv = rp \tag{18.26}$$

を定義する．これは，半径に運動量を乗じた量であり，図18.1の破線で囲まれた部分の面積に相当する．運動量であればベクトル性をもち，ベクトル解析の知識を使うと（注10），角運動量ベクトルは，以下のようにベクトル積で定義できる．

注10）演習で学ぶ 科学のための数学，D. S. Sivia, S. G. Rawlings（著），山本雅博，加納健司（訳），化学同人（2018）を参照.

$$\mathbf{L} \equiv \mathbf{r} \times \mathbf{p}, \; |L| = rp\sin\theta \tag{18.27}$$

ここで，θ はベクトル $\mathbf{r}$ と $\mathbf{p}$ の角度でいまの場合 $\pi/2$ であり，$\sin(\pi/2) = 1$ であるので，上で示した定義 $|L| = rp$ となる．また，角運動量ベクトルの向きは $\mathbf{r}$ から $\mathbf{p}$ への回転したときの右ねじの進行方向となる．角運動量ベクトルの具体的な成分は，

$$\begin{aligned}
\mathbf{r} \times \mathbf{p} &= (x\mathbf{i} + y\mathbf{j} + z\mathbf{k}) \times (p_x\mathbf{i} + p_y\mathbf{j} + p_z\mathbf{k}) \\
&= \mathbf{i}(yp_z - zp_y) + \mathbf{j}(zp_x - xp_z) + \mathbf{k}(xp_y - yp_x) \\
\mathbf{i} \times \mathbf{i} &= \mathbf{j} \times \mathbf{j} = \mathbf{k} \times \mathbf{k} = 0, \; \mathbf{i} \times \mathbf{j} = \mathbf{k}, \; \mathbf{j} \times \mathbf{i} = -\mathbf{k}, \\
\mathbf{j} \times \mathbf{k} &= \mathbf{i}, \; \mathbf{k} \times \mathbf{j} = -\mathbf{i}, \; \mathbf{k} \times \mathbf{i} = \mathbf{j}, \; \mathbf{i} \times \mathbf{k} = -\mathbf{j}
\end{aligned} \tag{18.28}$$

$$\mathbf{r} \times \mathbf{p} = \begin{vmatrix} \mathbf{i} & \mathbf{j} & \mathbf{k} \\ x & y & z \\ p_x & p_y & p_z \end{vmatrix} = \mathbf{i}(yp_z - zp_y) + \mathbf{j}(zp_x - xp_z) + \mathbf{k}(xp_y - yp_x) \tag{18.29}$$

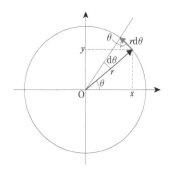

図18.2 回転運動の極座標表示

となる．この関係を**図18.2**で理解しよう．図18.2で円運動が xy 平面にあるとする．微小時間 $\mathrm{d}t$ の間に $\mathrm{d}\theta$ 回転したとする．$\omega = \mathrm{d}\theta/\mathrm{d}t$ である．

$\mathrm{d}t$ の間に移動した距離は円弧の長さ $r\mathrm{d}\theta$ である．x 方向の移動距離 $\mathrm{d}x$ は $\mathrm{d}x = -r\mathrm{d}\theta\sin\theta = -r\mathrm{d}\theta(y/r) = -y\mathrm{d}\theta$，$y$ 方向の移動距離 $\mathrm{d}y$ は，$\mathrm{d}y = r\mathrm{d}\theta\cos\theta = r\mathrm{d}\theta(x/r) = x\mathrm{d}\theta$ となる．速度は $v_x = \mathrm{d}x/\mathrm{d}t = -y\omega$，$v_y = \mathrm{d}y/\mathrm{d}t = x\omega$ となる．運動量は速度に質量をかければいいので，$L_z = xp_y - yp_x = xmx\omega - (-ym(-y\omega)) = m(x^2 + y^2)\omega = mr^2\omega$ となり，定義式(18.26)に一致する．

量子力学的には，角運動量も演算子となり，

$$\hat{L}_x = \hat{Y}\hat{P}_z - \hat{Z}\hat{P}_y, \; \hat{L}_y = \hat{Z}\hat{P}_x - \hat{X}\hat{P}_z, \; \hat{L}_z = \hat{X}\hat{P}_y - \hat{Y}\hat{P}_x \tag{18.30}$$

となり，またそれぞれの成分の二乗和，すなわちベクトル $\mathbf{L}$ の長さの二乗を以下のように定義する．

$$\hat{L}^2 = \mathbf{L}_x^2 + \mathbf{L}_y^2 + \mathbf{L}_z^2 \tag{18.31}$$

位置と運動量の関係と同じく，位置と角運動量，運動量と角運動量，角運動量どうしには不確定に基づく交換関係が成立する．可換でない場合には同時測定には不確定性が現れる．

座標表示を用いて波動関数に交換関係から得られる演算子を作用させると，以下の結果が得られる．

$$[\hat{L}_x, \hat{L}_x] = \hat{L}_x^2 - \hat{L}_x^2 = 0, \; [\hat{L}_y, \hat{L}_y] = 0, \; [\hat{L}_z, \hat{L}_z] = 0 \tag{18.32}$$

$$[\hat{L}_x, \hat{L}_y] = \hat{L}_x \hat{L}_y - \hat{L}_y \hat{L}_x = (\hat{Y}\hat{P}_z - \hat{Z}\hat{P}_y)(\hat{Z}\hat{P}_x - \hat{X}\hat{P}_z)$$
$$- (\hat{Z}\hat{P}_x - \hat{X}\hat{P}_z)(\hat{Y}\hat{P}_z - \hat{Z}\hat{P}_y)$$
$$= \hat{Y}\hat{P}_z\hat{Z}\hat{P}_x - \hat{Y}\hat{P}_z\hat{X}\hat{P}_z - \hat{Z}\hat{P}_y\hat{Z}\hat{P}_x + \hat{Z}\hat{P}_y\hat{X}\hat{P}_z$$
$$- \hat{Z}\hat{P}_x\hat{Y}\hat{P}_z + \hat{Z}\hat{P}_x\hat{Z}\hat{P}_y + \hat{X}\hat{P}_z\hat{Y}\hat{P}_z - \hat{X}\hat{P}_z\hat{Z}\hat{P}_y \qquad (18.33)$$
$$= \hat{Y}\hat{P}_z\hat{Z}\hat{P}_x - \hat{Y}\hat{Z}\hat{P}_z\hat{P}_x + \hat{X}\hat{Z}\hat{P}_z\hat{P}_y - \hat{X}\hat{P}_z\hat{Z}\hat{P}_y$$
$$= \hat{Y}[\hat{P}_z, \hat{Z}]\hat{P}_x + \hat{X}[\hat{Z}, \hat{P}_z]\hat{P}_y$$
$$= i\hbar(-\hat{Y}\hat{P}_x + \hat{X}\hat{P}_y) = i\hbar\hat{L}_z$$

$$[\hat{L}_y, \hat{L}_x] = -i\hbar\hat{L}_z, \; [\hat{L}_y, \hat{L}_z] = i\hbar\hat{L}_x, \; [\hat{L}_z, \hat{L}_y] = -i\hbar\hat{L}_x,$$
$$[\hat{L}_z, \hat{L}_x] = i\hbar\hat{L}_y, \; [\hat{L}_x, \hat{L}_z] = -i\hbar\hat{L}_y \qquad (18.34)$$

式(18.34)は演習問題 18.4 で証明する．また，演習問題 18.5 で以下の関係も同様に証明する．

$$[\hat{X}, \hat{L}_x] = 0, \; [\hat{X}, \hat{L}_y] = i\hbar\hat{Z}, \; [\hat{X}, \hat{L}_z] = -i\hbar\hat{Y}$$
$$[\hat{P}_x, \hat{L}_x] = 0, \; [\hat{P}_x, \hat{L}_y] = i\hbar\hat{P}_z, \; [\hat{P}_x, \hat{L}_z] = -i\hbar\hat{P}_y$$
$$[\hat{X}, \hat{L}^2] = i\hbar(\hat{L}_y\hat{Z} + \hat{Z}\hat{L}_y - \hat{L}_z\hat{Y} - \hat{Y}\hat{L}_z) \qquad (18.35)$$
$$[\hat{P}_x, \hat{L}^2] = i\hbar(\hat{L}_y\hat{P}_z + \hat{P}_z\hat{L}_y - \hat{L}_z\hat{P}_y - \hat{P}_y\hat{L}_z)$$

後の章で重要となるが，$[\hat{L}^2, \hat{L}_k] = 0, \; k = x, y, z$ を示しておこう．k はどの方向でも同じであるが，慣例として $k = z$ とすることが多い．

$$[\hat{L}^2, \hat{L}_z] = [\hat{L}_x^2 + \hat{L}_y^2 + \hat{L}_z^2, \hat{L}_z]$$
$$= \underbrace{[\hat{L}_z^2, \hat{L}_z]}_{=0} + [\hat{L}_x^2, \hat{L}_z] + [\hat{L}_y^2, \hat{L}_z]$$
$$= \hat{L}_x[\hat{L}_x, \hat{L}_z] + [\hat{L}_x, \hat{L}_z]\hat{L}_x + \hat{L}_y[\hat{L}_y, \hat{L}_z] + [\hat{L}_y, \hat{L}_z]\hat{L}_y \qquad (18.36)$$
$$= \hat{L}_x(-i\hbar\hat{L}_y) - i\hbar\hat{L}_y\hat{L}_x + \hat{L}_y i\hbar\hat{L}_x + i\hbar\hat{L}_x\hat{L}_y = 0$$

$\hat{L}^2$ と $\hat{L}_k$ が可換なので，それらは同時に確定した固有値をもつことができ，すなわち同時測定が可能になる．20 章でこれを用いる．

18.1 $[\hat{P}_x, \hat{X}] = -i\hbar\hat{I}$ であるが, $[\hat{X}, \hat{P}_x]$ はどうなるかを説明しなさい.

18.2 $[\hat{X}, \hat{X}], [\hat{X}, \hat{Y}], [\hat{X}, \hat{Z}], [\hat{P}_y, \hat{Y}], [\hat{Y}, \hat{P}_y], [\hat{Y}, \hat{P}_x], [\hat{P}_x, \hat{Y}], [\hat{Z}, \hat{P}_z], [\hat{P}_x, \hat{Z}], [\hat{P}_x, \hat{P}_x], [\hat{P}_x, \hat{P}_y], [\hat{P}_x, \hat{P}_z]$ はどうなるのか. 上の交換関係を波動関数に演算して求めなさい.

18.3 Web を見て, コーシー・シュワルツの不等式を証明しなさい.

18.4 $\left[\hat{L}_y, \hat{L}_x\right] = -i\hbar\hat{L}_z, [\hat{L}_y, \hat{L}_z] = i\hbar\hat{L}_x, \left[\hat{L}_z, \hat{L}_y\right] = -i\hbar\hat{L}_x, \left[\hat{L}_z, \hat{L}_x\right] = i\hbar\hat{L}_y, \left[\hat{L}_x, \hat{L}_z\right] = -i\hbar\hat{L}_y$ を証明しなさい.

18.5 以下の交換関係を波動関数に演算して求めなさい.

$$\left[\hat{X}, \hat{L}_x\right] = 0, \left[\hat{X}, \hat{L}_y\right] = i\hbar\hat{Z}, \left[\hat{X}, \hat{L}_z\right] = -i\hbar\hat{Y}$$

$$\left[\hat{P}_x, \hat{L}_x\right] = 0, \left[\hat{P}_x, \hat{L}_y\right] = i\hbar\hat{P}_z, \left[\hat{P}_x, \hat{L}_z\right] = -i\hbar\hat{P}_y$$

$$\left[\hat{X}, \hat{L}^2\right] = i\hbar\left(\hat{L}_y\hat{Z} + \hat{Z}\hat{L}_y - \hat{L}_z\hat{Y} - \hat{Y}\hat{L}_z\right)$$

$$\left[\hat{P}_x, \hat{L}^2\right] = i\hbar\left(\hat{L}_y\hat{P}_z + \hat{P}_z\hat{L}_y - \hat{L}_z\hat{P}_y - \hat{P}_y\hat{L}_z\right)$$

第19章

1次元のシュレーディンガー方程式

You enter a lab and see an experiment. How will you know which class is it?
"If it green and wiggles, it's biology. If it stinks, it's chemistry. If it doesn't work, it's physics.
And if you can't understand it, it's mathamatics."

Magnus Pyke

電子のポテンシャルが決められれば，シュレーディンガー方程式である偏微分方程式を解いて，エネルギー・波動関数を求め，多くの量子力学的な物性を決めることができる．18章で述べたように，波動関数が状態ベクトル（無限次元のヒルベルト空間(注1)）であると考えると，これは線形代数で登場する固有値・固有ベクトルを解く問題になる．行列の固有値問題を解くことはハイゼンベルクの行列力学ともいわれるが，これはシュレーディンガー方程式を解くことと等価であることが証明されている．行列力学の例は，21章で出てくる．電子系の場合，多くの電子が存在するので電荷やスピンを通しての電子間の相互作用が強く，電子のポテンシャルを求めるのは容易ではない．近似理論を使って数値計算で解くのであるが，それは21章で述べる．

電子間の相互作用のない1電子の場合，シュレーディンガー方程式を解析的に解ける場合がある．代表例として，箱の中の自由粒子，1次元ポテンシャル障壁のトンネリング，1次元の調和振動子，水素原子などである．本章では最初の3つの例について詳しく述べる．

19.1　1次元ポテンシャルでのシュレーディンガー方程式の一般的性質

1次元ポテンシャル $V(x)$ が一定あるいはゆっくり変化する場合，シュレーディンガー方程式を解く場合には問題はないが，例えば**図 19.1** のように，1次元ポテンシャル $V(x)$ が $x=a$ で不連続，すなわちポテンシャルが $V(a-\varepsilon)$ と $V(a+\varepsilon)$ で等しくない場合にどうなるのかを考えよう．ここで，ε は微少量で，後に $\varepsilon \to 0$ の極限をとる．

波動関数の二乗 $\psi(x)$ が粒子の存在確率になるので，波動関数それ自身は一価関数であることが要請される．すなわち $\psi(a-\varepsilon)=\psi(a+\varepsilon)$ となる．では，波動関数の微分は $x=a$ で不連続すなわち $\psi'(a-\varepsilon) \neq \psi'(a+\varepsilon)$ となるのであろうか．このことを確かめるには，2階の微分を含むシュレーディンガー方程式を，$x=a-\varepsilon$ から $x=a+\varepsilon$ まで積分して1階の微分係数の変化を見るとよい．

注1）空間内に存在するベクトル同士の積（内積）およびベクトルの大きさを示すノルムを，関数にも適用して空間とみなしたものをヒルベルト空間という．

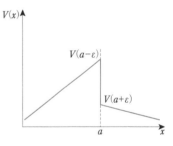

図19.1　1次元ポテンシャルが$x=a$において不連続であるとき，波動関数は連続になるのであろうか

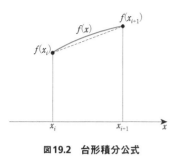

図19.2　台形積分公式

$$\left[-\frac{\hbar^2}{2m}\frac{\mathrm{d}^2}{\mathrm{d}x^2}+V(x)\right]\psi(x)=E\psi(x),\quad \frac{\mathrm{d}^2\psi}{\mathrm{d}x^2}=\frac{2m}{\hbar^2}[V(x)-E]\psi(x),$$

$$\int_{a-\varepsilon}^{a+\varepsilon}\frac{\mathrm{d}^2\psi}{\mathrm{d}x^2}\mathrm{d}x=\frac{2m}{\hbar^2}\int_{a-\varepsilon}^{a+\varepsilon}[V(x)-E]\psi(x)\mathrm{d}x,$$

$$\left[\frac{\mathrm{d}\psi}{\mathrm{d}x}\right]_{a-\varepsilon}^{a+\varepsilon}\simeq\frac{2m}{\hbar^2}\{[V(a+\varepsilon)-E]\psi(a+\varepsilon)+[V(a-\varepsilon)-E]\psi(a-\varepsilon)\}2\varepsilon\frac{1}{2},$$

$$\left.\frac{\mathrm{d}\psi}{\mathrm{d}x}\right|_{a+\varepsilon}-\left.\frac{\mathrm{d}\psi}{\mathrm{d}x}\right|_{a-\varepsilon}=\frac{2m}{\hbar^2}[V(a+\varepsilon)+V(a-\varepsilon)-2E]\psi(a)\underset{\varepsilon\to 0}{\varepsilon\to 0}$$

$$(19.1)$$

ここで，$(V-E)\psi$ の積分には，以下の台形積分公式を使った（**図 19.2**）．

$$\int_{x_i}^{x_{i+1}}f(x)\mathrm{d}x\simeq\frac{1}{2}[f(x_{i+1})+f(x_i)](x_{i+1}-x_i)\tag{19.2}$$

これより，シュレーディンガー方程式の性質から，1次元ポテンシャルが不連続でも，波動関数は一価でその微分も等しい（連続）ことが示された．これにより，この章の後に示すような不連続なポテンシャルをもつ井戸型ポテンシャルのような系に対してもシュレーディンガー方程式を解くことができる．

19.2　自由粒子

全空間でポテンシャルがゼロとなる**自由粒子**について考えよう．シュレーディンガー方程式は以下のように書ける．

$$\left[-\frac{\hbar^2}{2m}\frac{\mathrm{d}^2}{\mathrm{d}x^2}+\underset{=0}{V(x)}\right]\psi(x)=E\psi(x),$$

$$(19.3)$$

$$\frac{\mathrm{d}^2\psi}{\mathrm{d}x^2}=-\frac{2mE}{\hbar^2}\psi(x)=-k^2\psi(x),\quad k^2\equiv\frac{2mE}{\hbar^2}$$

微分して自分自身に戻る関数はネイピア数 e の指数関数しかなく[注2]，さらに2階微分して $-k^2$ が前に出る関数は $e^{\pm ikx}$ しかない．この2つの関数の重ね合わせ（線形結合）もシュレーディンガー方程式の解となるので，

$$\psi(x)=Ae^{ikx}+Be^{-ikx}\tag{19.4}$$

と書くことができる[注3]．e^{ikx} は ＋方向への進行波，e^{-ikx} は －方向への進行波とみなせ，式(19.4)の解はそれらの重ね合わせと考えることができる．

次に，粒子の存在確率 $|\psi(x)|^2$ を考えよう．

$$\begin{aligned}|\psi(x)|^2&=\psi^*(x)\psi(x)=(A^*e^{-ikx}+B^*e^{ikx})(Ae^{ikx}+Be^{-ikx})\\&=A^*A+B^*B+AB^*e^{2ikx}+A^*Be^{-2ikx}\\&=|A|^2+|B|^2+(AB^*e^{2ikx})+(AB^*e^{2ikx})^*\\&=|A|^2+|B|^2+2\mathrm{Re}(AB^*e^{2ikx})\end{aligned}\tag{19.5}$$

となる．物理的には，自由粒子であれば存在確率はどこでも同じであるので，式(19.5)右辺の第3項はゼロにならなければならない．したがって，A

注2）演習で学ぶ 科学のための数学，D. S. Sivia, S. G. Rawlings（著），山本雅博，加納健司（訳），化学同人（2018）の4章を参照．

注3）この e^{ikx} と e^{-ikx} の重ね合わせには，物理的な意味がある．時間に依存するシュレーディンガー方程式を解くと，波動関数の解は $e^{i(kx-\omega t)}$ あるいは $e^{-i(kx+\omega t)}$ をもつ．ここで，$E=\hbar\omega$ である．指数関数のほうの括弧内（位相）がゼロになるところが波のピークの位置であるとみなすことができるので，その位置は $x=\omega t/k, x=-\omega t/k$ となる．すなわち，$e^{i(kx-\omega t)}$ では波のピークが時間とともに ＋方向に移動し，$e^{-i(kx+\omega t)}$ では波のピークが時間とともに －方向に移動すると考えてよい．

$=0, B \neq 0$ または $A \neq 0, B=0$ でしか解はありえない. すなわち, ＋または
－方向に進行する波が方程式の解になるということである. 波動関数が $e^{\pm ikx}$
の複素数ではなくて, $\sin(kx)$ や $\cos(kx)$ のような実数解で与えられるとする
と, 存在確率が一定になることはない. 本質的に波動関数を複素数で示す必
要があることは, この例から明らかである.

ただし, 規格化では問題がある. $\psi(x) = Ae^{ikx}$ について規格化を行うと,

$$\int_{-\infty}^{+\infty} \psi^*(x)\psi(x)\mathrm{d}x = |A|^2 \int_{-\infty}^{+\infty} \mathrm{d}x \to \infty \tag{19.6}$$

と発散してしまう. ただし, 自由粒子が存在する空間を限定すれば(注4)(例
えば $-L/2 \sim +L/2$), この発散を避けることができる $(A = L^{-1/2})$.

注4) あるいは, 波動関数が有限の値をもつ領域に粒子自身が限定されている波束として存在すると考えればよい.

19.3　無限の壁をもつ1次元の井戸型ポテンシャル

図19.3 のような1次元の**井戸型ポテンシャル**を考えよう. ポテンシャル
$V(x)$ は,

$$V(x) = \begin{cases} +\infty, & x < 0 \\ 0, & 0 \le x \le a \\ +\infty, & x > a \end{cases} \tag{19.7}$$

である. ポテンシャル無限大のところでは, 粒子の存在確率はゼロとなり,
波動関数 ψ はゼロとしてよい. すなわち, シュレーディンガー方程式はポ
テンシャル $V(x) = 0 (0 \le x \le a)$ の井戸の中だけを考えればよい.

シュレーディンガー方程式は, 自由粒子の場合と同じで以下のように書け
る.

$$\left[-\frac{\hbar^2}{2m}\frac{\mathrm{d}^2}{\mathrm{d}x^2} + \underbrace{V(x)}_{=0} \right]\psi(x) = E\psi(x),$$

$$\frac{\mathrm{d}^2\psi}{\mathrm{d}x^2} = -\frac{2mE}{\hbar^2}\psi(x) = -k^2\psi(x), \quad k^2 \equiv \frac{2mE}{\hbar^2} \tag{19.8}$$

シュレーディンガー方程式の解も, 自由粒子と同じように

$$\psi(x) = Ae^{ikx} + Be^{-ikx} \tag{19.9}$$

と書くことができる. 自由粒子と異なるのは, $x=0, x=a$ で波動関数がゼロ
になることである. これは微分方程式を解くときに, 以下の境界条件を与え
ることに対応する.

$$\psi(0) = A + B = 0, \quad \psi(a) = Ae^{ika} + Be^{-ika} = 0 \tag{19.10}$$

$A = -B$ を代入すると,

$$\begin{aligned} A(e^{ika} - e^{-ika}) &= A[\cos(ka) + i\sin(ka) - \cos(ka) + i\sin(ka)] \\ &= 2iA\sin(ka) = 0 \end{aligned} \tag{19.11}$$

である. $A = 0$ とすれば波動関数はゼロとなって意味がない. $\sin(ka) = 0$ と
なる k は,

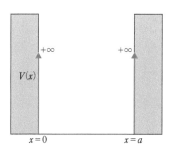

図19.3　1次元の井戸型ポテンシャル

$$k_n = n\frac{\pi}{a}, \quad k_n^2 = \frac{2mE_n}{\hbar^2} \tag{19.12}$$

となる。$n=0$ は，k と E がゼロとなり意味のない解になる。$n=+1$ と $n=-1$ は同じ解を与えるので，n は自然数

$$n = 1, 2, 3, \ldots \tag{19.13}$$

となる。同様に，k, E, ψ にも下付きの添え字 n がつく。固有値であるエネルギー固有値 E_n は，

$$E_n = \frac{\hbar^2 k_n^2}{2m} = \frac{n^2 \pi^2 \hbar^2}{2ma^2} = \frac{n^2 h^2}{8ma^2} \tag{19.14}$$

となる。固有関数である波動関数 ψ_n は

$$\psi_n(x) = A_n \sin(k_n x) = A_n \sin\left(\frac{n\pi}{a}x\right) \tag{19.15}$$

となる。ここでも，係数 A にはとりあえず添え字 n をつけておく。波動関数の規格化は，以下のようになる。

$$\int_0^a \psi_n^*(x)\psi_n(x)\mathrm{d}x = |A_n|^2 \int_0^a \sin^2\left(\frac{n\pi}{a}x\right)\mathrm{d}x = 1,$$

$$\sin^2(kx) = \left[\frac{e^{ikx} - e^{-ikx}}{2i}\right]^2 = -\frac{1}{4}(e^{2ikx} + e^{-2ikx} - 2),$$

$$-\frac{1}{4}\int_0^a (e^{2ikx} + e^{-2ikx} - 2)\mathrm{d}x = -\frac{1}{4}\left[\frac{e^{2ikx}}{2ik} + \frac{e^{-2ikx}}{-2ik} - 2x\right]_0^a \tag{19.16}$$

$$= -\frac{1}{4}\left(\frac{e^{2ika}}{2ik} - \frac{e^{-2ika}}{2ik} - 2a\right) = \frac{a}{2}$$

ここで，$e^{2ika} = e^{2i(n\pi/a)a} = 1$，$e^{-2ika} = e^{-2i(n\pi/a)a} = 1$ を用いた。よって，

$$|A_n|^2 = \frac{2}{a}, \quad A_n = \sqrt{\frac{2}{a}}$$

を得る。したがって，波動関数は

$$\psi_n(x) = \sqrt{\frac{2}{a}}\sin\left(\frac{n\pi}{a}x\right) \tag{19.17}$$

となる。ここで，規格化定数は n に依存しない。

注5）演習問題19.1で式（19.18）を証明する。

$n \neq m$ のときの波動関数の直交性[注5]についても考えよう。

$$\langle\psi_n|\psi_m\rangle = \frac{2}{a}\int_0^a \sin\left(\frac{n\pi}{a}x\right)\sin\left(\frac{m\pi}{a}x\right)\mathrm{d}x = \begin{cases} 1, & n = m \\ 0 & n \neq m \end{cases} \tag{19.18}$$

式（19.14）のエネルギー固有値 E_n に着目しよう。エネルギーは箱の長さ a の二乗に反比例している。実験で測定されるのは，エネルギー固有値そのものではなく，以下のような光遷移に対応するエネルギーの差であることが多い。

$$E_{n+1} - E_n = \frac{h^2}{8ma^2}[(n+1)^2 - n^2] \tag{19.19}$$

1次元の井戸の長さ a が小さくなるほど，エネルギー準位の差はより広がり，これを**量子サイズ効果**という。実際の材料は3次元であり，19.4節で無

限の壁をもつ3次元の井戸の問題を取り扱う.

1次元の井戸の例として,分子の軌道がある.分子の軌道の計算については,21章で詳述するが,**図19.4** に示す1,3-ブタジエンは,分子の形が湾曲しているが,いわゆる最外殻の価電子として4電子をもつπ電子系(p_z軌道)があり,それは疑1次元系とみなすことができる.E_1に2電子,E_2に2電子占有する.1,3-ブタジエンが光を吸収して,電子を占有されたE_2準位から非占有のE_3準位に励起させる(**図19.5**).

その励起エネルギーは,$E_3 - E_2$ となる.分子の長さとしては,C=C結合とC−C結合の長さの実測値である1.34 Åと1.47 Åを使い,末端の炭素の大きさとしては,その共有結合半径0.77 Åを使うと,$a = 0.77 + 1.34 + 1.47 + 1.34 + 0.77 = 5.69$ Åとなり,励起エネルギーは以下となる.

$$E_3 - E_2 = \frac{h^2}{8ma^2}(3^2 - 2^2) = \frac{5h^2}{8ma^2} = \frac{5(6.626 \times 10^{-34})^2}{8(9.109 \times 10^{-31})(5.69 \times 10^{-10})^2}$$

$$= 9.30 \times 10^{-19} \,\text{J} = 5.81 \,\text{eV}$$

$$(19.20)$$

図19.4　1,3-ブタジエンの構造式

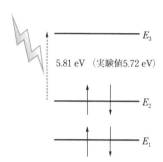

5.81 eV　（実験値5.72 eV）

図19.5　1,3-ブタジエンのエネルギー準位

励起エネルギーの実測値は5.72 eV[注6]であり,値はほぼ一致する.

次に,位置および運動量の期待値と分散およびそこから不確定性を求めよう.

注6)物理化学（上），D. A. McQuarrie, J. D. Simon（著），千原秀昭，江口太郎，齋藤一弥（訳），東京化学同人（1999）を参照.

$$\langle x \rangle = \langle \psi_n | \hat{X} | \psi_n \rangle = \int_0^a \psi_n^*(x) \hat{X} \psi_n(x) \mathrm{d}x = \frac{2}{a} \int_0^a x \sin^2\left(\frac{n\pi}{a}x\right) \mathrm{d}x = \frac{a}{2}$$

$$(19.21)$$

$$\langle x^2 \rangle = \langle \psi_n | \hat{X}^2 | \psi_n \rangle = \int_0^a \psi_n^*(x) \hat{X}^2 \psi_n(x) \mathrm{d}x = \frac{2}{a} \int_0^a x^2 \sin^2\left(\frac{n\pi}{a}x\right) \mathrm{d}x$$

$$= \frac{a^2}{3} - \frac{a^2}{2n^2\pi^2}$$

$$(19.22)$$

式(19.21),(19.22)の導出は演習問題19.2とする.位置xの分散を,以下のように定義する.

$$\sigma_x^2 = \langle (x - \langle x \rangle)^2 \rangle = \langle x^2 - 2\langle x \rangle x + \langle x \rangle^2 \rangle = \langle x^2 \rangle - 2\langle x \rangle^2 + \langle x \rangle^2 = \langle x^2 \rangle - \langle x \rangle^2$$

$$(19.23)$$

上の結果より,位置の分散は

$$\sigma_x^2 = \frac{a^2}{12} - \frac{a^2}{2n^2\pi^2},$$

$$\sigma_x = \frac{a}{2n\pi}\sqrt{\frac{n^2\pi^2}{3} - 2}$$

$$(19.24)$$

となる.次に,運動量の期待値と分散を求めよう.

$$\langle p_x \rangle = \langle \psi_n | \hat{P}_x | \psi_n \rangle = \frac{2}{a} \int_0^a \sin\left(\frac{n\pi}{a}x\right)\left(-i\hbar\frac{\partial}{\partial x}\right)\sin\left(\frac{n\pi}{a}x\right)\mathrm{d}x$$

$$= -i\frac{2\hbar}{a}\frac{n\pi}{a}\int_0^a \sin\left(\frac{n\pi}{a}x\right)\cos\left(\frac{n\pi}{a}x\right)\mathrm{d}x = 0 \tag{19.25}$$

$$\langle p_x^2 \rangle = \langle \psi_n | \hat{P}_x^2 | \psi_n \rangle = \frac{2}{a} \int_0^a \sin\left(\frac{n\pi}{a}x\right)\left(-\hbar^2\frac{\partial^2}{\partial x^2}\right)\sin\left(\frac{n\pi}{a}x\right)\mathrm{d}x$$

$$= \frac{2\hbar^2}{a}\frac{n^2\pi^2}{a^2}\int_0^a \sin^2\left(\frac{n\pi}{a}x\right)\mathrm{d}x = \frac{2\hbar^2}{a}\frac{n^2\pi^2}{a^2}\frac{a}{2} = \frac{n^2\hbar^2\pi^2}{a^2} \tag{19.26}$$

運動量の分散は，$\sigma_{p_x}^2 = \langle p_x^2 \rangle - \langle p_x \rangle^2$ を求めればよい．よって，

$$\sigma_{p_x}^2 = \langle p_x^2 \rangle - \langle p_x \rangle^2 = \frac{n^2\hbar^2\pi^2}{a^2} - 0^2 = \frac{n^2\hbar^2\pi^2}{a^2},$$

$$\sigma_{p_x} = \frac{n\hbar\pi}{a} \tag{19.27}$$

となる．粒子の位置が箱の長さ a に特定されたとき，運動量は箱の長さ a に反比例したばらつき σ_{p_x} をもつ．すなわち，位置を特定すれば運動量の不確定性は増大する．ポテンシャルがゼロの長さ a の箱の中に粒子を閉じ込めたとき，式 (19.27) の n は 1 以上の自然数なので運動量はゼロにならず，粒子のエネルギー（いわゆる運動エネルギー）は $mv_x^2/2 = p_x^2/(2m)$ となる．式 (19.26) を用いると，$\langle p_x^2 \rangle/(2m) = n^2\pi^2\hbar^2/(2ma^2)$ となり，式 (19.14) で求めたエネルギー固有値に等しくなる．

$n = 1$ の一番低いエネルギーでも $\pi^2\hbar^2/(2ma^2)$ のいわゆるゼロ点エネルギーをもつ．これは，位置と運動量の不確定性から得られる．このことを確認しよう．不確定性の指標となる $\sigma_x\sigma_{p_x}$ は，式 (19.24) と式 (19.27) より

$$\sigma_x\sigma_{p_x} = \frac{a}{2n\pi}\left(\sqrt{\frac{n^2\pi^2}{3}-2}\right)\frac{n\hbar\pi}{a} = \frac{\hbar}{2}\sqrt{\frac{n^2\pi^2}{3}-2} \geq 1.14\frac{\hbar}{2} \geq \frac{\hbar}{2} \tag{19.28}$$

となり，これは 18 章で求めた結果と一致する．

19.4　無限の壁に囲まれた3次元の井戸型ポテンシャル

1 次元の井戸ポテンシャルの問題は，2 次元あるいは 3 次元に容易に拡張できる．3 次元の場合を**図 19.6** に示す．

ここで 3 次元ポテンシャル $V(x, y, z)$ は，

$$V(x, y, z) = \begin{cases} 0, & 0 \leq x \leq a,\ 0 \leq y \leq b,\ 0 \leq z \leq c \\ +\infty, & x < 0,\ x > a,\ y < 0, y > b,\ z < 0, z > c \end{cases} \tag{19.29}$$

となり，3 次元のシュレーディンガー方程式は，

$$\left\{-\left(\frac{\hbar^2}{2m}\frac{\partial^2}{\partial x^2} + \frac{\hbar^2}{2m}\frac{\partial^2}{\partial y^2} + \frac{\hbar^2}{2m}\frac{\partial^2}{\partial z^2}\right) + V(x, y, z)\right\}\psi(x, y, z) = E\psi(x, y, z)$$

$$\tag{19.30a}$$

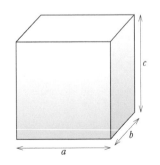

図19.6　3次元の井戸型ポテンシャル（3次元の箱）

となる．境界条件は，箱のすべての壁で波動関数がゼロとなることである．

$$\psi(0,y,z)=\psi(a,y,z)=0,\quad \psi(x,0,z)=\psi(x,b,z)=0,$$
$$\psi(x,y,0)=\psi(x,y,c)=0 \tag{19.30b}$$

ここで，x,y,z 方向はそれぞれ独立であるので，波動関数は変数分離できて，$\psi(x,y,z)=X(x)Y(y)Z(z)$ とおくことができる．この波動関数を使って，両辺を XYZ で割ると，

$$-\frac{\hbar^2}{2m}\frac{1}{X}\frac{\mathrm{d}^2X}{\mathrm{d}x^2}-\frac{\hbar^2}{2m}\frac{1}{Y}\frac{\mathrm{d}^2Y}{\mathrm{d}y^2}-\frac{\hbar^2}{2m}\frac{1}{Z}\frac{\mathrm{d}^2Z}{\mathrm{d}z^2}=E \tag{19.31}$$

となる．左辺がすべての x,y,z で成立するためには，それぞれの項が定数となる必要がある．したがって，

$$-\frac{\hbar^2}{2m}\frac{1}{X}\frac{\mathrm{d}^2X}{\mathrm{d}x^2}=E_x,\quad -\frac{\hbar^2}{2m}\frac{1}{Y}\frac{\mathrm{d}^2Y}{\mathrm{d}y^2}=E_y,\quad -\frac{\hbar^2}{2m}\frac{1}{Z}\frac{\mathrm{d}^2Z}{\mathrm{d}z^2}=E_z,$$
$$-\frac{\hbar^2}{2m}\frac{\mathrm{d}^2X}{\mathrm{d}x^2}=E_xX,\quad -\frac{\hbar^2}{2m}\frac{\mathrm{d}^2Y}{\mathrm{d}y^2}=E_yY,\quad -\frac{\hbar^2}{2m}\frac{\mathrm{d}^2Z}{\mathrm{d}z^2}=E_zZ \tag{19.32}$$

となり，境界条件を考慮すると，

$$X_p(x)=A_x\sin\!\left(\frac{p\pi}{a}x\right),\quad E_{x,p}=\frac{h^2p^2}{8ma^2},\quad p=1,2,3,...,$$
$$Y_q(y)=A_y\sin\!\left(\frac{q\pi}{b}y\right),\quad E_{y,q}=\frac{h^2q^2}{8mb^2},\quad q=1,2,3,..., \tag{19.33a}$$
$$Z_r(z)=A_z\sin\!\left(\frac{r\pi}{c}z\right),\quad E_{z,r}=\frac{h^2r^2}{8mc^2},\quad r=1,2,3,...,$$

となる．したがって，3次元の場合のエネルギー固有値は

$$E_{p,q,r}=E_{x,p}+E_{y,q}+E_{z,r}=\frac{h^2}{8m}\left(\frac{p^2}{a^2}+\frac{q^2}{b^2}+\frac{r^2}{c^2}\right),$$
$$p=1,2,3,...,\quad q=1,2,3,...,\quad r=1,2,3,..., \tag{19.33b}$$

となる．また，波動関数は

$$\psi_{p,q,r}(x,y,z)=A_xA_yA_z\sin\!\left(\frac{p\pi}{a}x\right)\sin\!\left(\frac{q\pi}{b}y\right)\sin\!\left(\frac{r\pi}{c}z\right),$$
$$A_x=\sqrt{\frac{2}{a}},\quad A_y=\sqrt{\frac{2}{b}},\quad A_z=\sqrt{\frac{2}{c}} \tag{19.33c}$$

となる．いま箱が立方体 $a=b=c$ であるとすると，

$$E_{p,q,r}=\frac{h^2}{8ma^2}(p^2+q^2+r^2),\quad p=1,2,3,...,\quad q=1,2,3...,\quad r=1,2,3... \tag{19.34}$$

となる．このエネルギー準位図を**図 19.7** に示す．

例えば，$(p,q,r)=(2,1,1),(1,2,1),(1,1,2)$ の場合のように，同じエネルギー $E_{p,q,r}$ をとる場合があり，その場合をエネルギー準位が**縮退**あるいは**縮重**するという．$(p,q,r)=(2,1,1),(1,2,1),(1,1,2)$ の場合は**三重縮退**，$(p,q,r)=(1,2,3),$ $(1,3,2),(2,1,3),(2,3,1),(3,1,2),(3,2,1)$ の場合は**六重縮退**であるという．また，準位間のエネルギー差は一辺の長さ a の二乗に反比例する．

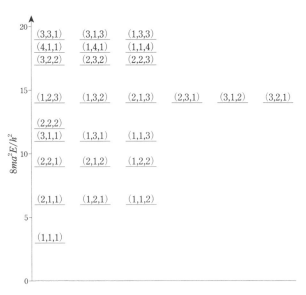

図19.7 一辺の長さが a の箱の中の粒子のエネルギー準位
エネルギーは無次元化している.

Y軸: $8ma^2E/h^2$

参考19.1　ナノ粒子の量子サイズ効果

　3次元の箱の中の電子の閉じ込めとして，以下に示すようなナノ粒子の量子サイズ効果がある．詳細は割愛するが，ナノ粒子の蛍光波長 λ は関与する2つの電子レベル間のエネルギー差に依存する.

　図19.8 に示す CdTe ナノ粒子の蛍光エネルギー[注7]と粒子サイズの二乗の逆数をプロットしたものが **図19.9** である．破線は最小二乗法で直線を引いたもので，ほぼ式(19.34)の量子サイズ効果の式で説明できることを示している（破線は直線関係を示し，実線は詳細な理論解析の結果である）．なお，必ずしもバンドギャップと蛍光エネルギーは一致しない.

[注7] 蛍光波長 λ と蛍光エネルギー E の関係は $E = hc/\lambda$ となる．ここで，h はプランク定数，c は光速である.

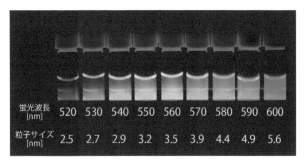

蛍光波長[nm]	520	530	540	550	560	570	580	590	600
粒子サイズ[nm]	2.5	2.7	2.9	3.2	3.5	3.9	4.4	4.9	5.6

図19.8　光エッチングでサイズ制御した CdTe ナノ粒子の蛍光波長の粒子サイズと依存性
写真は大阪大学工学研究科応用化学専攻桑畑研究室の上松太郎先生・桑畑進先生より転載の許可を得た.

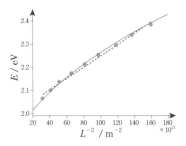

図19.9　CdTe ナノ粒子の粒子サイズの二乗の逆数と蛍光エネルギー

19.5 ポテンシャルステップ：有限の高さの障壁

次に，**図19.10** に示すようなポテンシャルが階段になった**ポテンシャルステップ**の問題を考えよう．壁に弾性ボールを当てて，跳ね返りを見る問題では，あるエネルギー以上のものはすべて透過するが，あるエネルギー以下のものはすべて跳ね返され，ボールが壁の向こう側に存在することはない．では，ボールが量子力学に従うような軽い粒子の場合はどうなるであろうか．

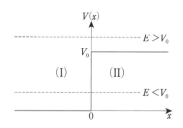

図19.10 階段状ポテンシャル

$$V(x) = \begin{cases} V_0, & x > 0 \\ 0 & x < 0 \end{cases} \tag{19.35}$$

ここで，$x < 0$ の領域を I，$x > 0$ の領域を II とする．ポテンシャルは，$x < 0$ でゼロ，$x = 0$ でゼロから V_0 まで急激に増加し，$x > 0$ では V_0 であるとする．シュレーディンガー方程式の解はエネルギー固有値 E が V_0 より高いかどうかで場合分けする．

19.5.1 $E \geq V_0$ の場合

領域 I では，$k = \sqrt{2mE}/\hbar$ として，右への進行波 e^{ikx} および左への進行波 e^{-ikx} の重ね合わせで波動関数を表す．領域 II では，シュレーディンガー方程式を以下のように変形する．

$$\left(-\frac{\hbar^2}{2m}\frac{\mathrm{d}^2}{\mathrm{d}x^2} + V_0 \right)\psi(x) = E\psi(x),$$

$$\frac{\mathrm{d}^2\psi(x)}{\mathrm{d}x^2} = -\frac{2m(E-V_0)}{\hbar^2}\psi(x) = -(k')^2\psi(x), \tag{19.36}$$

$$k' = \frac{\sqrt{2m(E-V_0)}}{\hbar}$$

右への進行波 $e^{ik'x}$ と左への進行波 $e^{-ik'x}$ の重ね合わせで表すと，領域 I と領域 II で波動関数は，以下のようになる．

$$\psi_{\mathrm{I}}(x) = Ae^{ikx} + Be^{-ikx}, \quad k = \sqrt{2mE}/\hbar,$$

$$\psi_{\mathrm{II}}(x) = Ce^{ik'x} + De^{-ik'x}, \quad k' = \sqrt{2m(E-V_0)}/\hbar \tag{19.37}$$

いま領域 I に存在する粒子が，壁を越えていく確率および反射される確率に興味がある．したがって，領域 II において左側に進行する波には興味がないので，簡単のために $D = 0$ としてよい．

$$\psi_{\mathrm{II}}(x) = Ce^{ik'x}, \quad k' = \sqrt{2m(E-V_0)}/\hbar \tag{19.38}$$

よって，A, B, C の 3 つの未知数に対して，少なくともそれらの比を求めるには，$x = 0$ で 2 つの境界条件が必要である．すなわち，波動関数が一価で連続（微分が等しい）という条件である．

$$\psi_{\mathrm{I}}(0) = \psi_{\mathrm{II}}(0), \quad A + B = C,$$

$$\frac{\mathrm{d}\psi_{\mathrm{I}}}{\mathrm{d}x}\bigg|_{x=0} = \frac{\mathrm{d}\psi_{\mathrm{II}}}{\mathrm{d}x}\bigg|_{x=0}, \quad ikA - ikB = ik'C,$$

$$A = \frac{1}{2}\left(1 + \frac{k'}{k}\right)C = \frac{C}{2}\frac{k+k'}{k}, \tag{19.39}$$

$$B = \frac{C}{2}\frac{k-k'}{k}$$

ここで，元の波動関数 ψ_0，反射された波動関数 ψ_{R}，透過した波動関数 ψ_{T} を

$$\psi_0(x) = Ae^{ikx}, \quad \psi_{\mathrm{R}}(x) = Be^{-ikx}, \quad \psi_{\mathrm{T}}(x) = \psi_{\mathrm{II}}(x) = Ce^{ik'x} \tag{19.40}$$

と定義し，[Web]18-2で定義した確率密度流を用いて，それぞれの確率密度流 $J_0, J_{\mathrm{R}}, J_{\mathrm{T}}$ を定義する.

$$\begin{aligned}
J_0 &= \frac{i\hbar}{2m}\left(\psi_0 \frac{\mathrm{d}\psi_0^*}{\mathrm{d}x} - \psi_0^* \frac{\mathrm{d}\psi_0}{\mathrm{d}x}\right) \\
&= \frac{i\hbar}{2m}[Ae^{ikx}(-ik)A^*e^{-ikx} - A^*e^{-ikx}(ik)Ae^{ikx}] \\
&= \frac{\hbar k}{m}|A|^2, \\
J_{\mathrm{R}} &= \frac{i\hbar}{2m}\left(\psi_{\mathrm{R}} \frac{\mathrm{d}\psi_{\mathrm{R}}^*}{\mathrm{d}x} - \psi_{\mathrm{R}}^* \frac{\mathrm{d}\psi_{\mathrm{R}}}{\mathrm{d}x}\right) \\
&= \frac{i\hbar}{2m}[Be^{-ikx}(ik)B^*e^{ikx} - B^*e^{ikx}(-ik)Be^{-ikx}] \\
&= -\frac{\hbar k}{m}|B|^2, \\
J_{\mathrm{T}} &= \frac{i\hbar}{2m}\left(\psi_{\mathrm{T}} \frac{\mathrm{d}\psi_{\mathrm{T}}^*}{\mathrm{d}x} - \psi_{\mathrm{T}}^* \frac{\mathrm{d}\psi_{\mathrm{T}}}{\mathrm{d}x}\right) \\
&= \frac{i\hbar}{2m}[Ce^{ik'x}(-ik')C^*e^{-ik'x} - C^*e^{-ik'x}(ik')Ce^{ik'x}] \\
&= \frac{\hbar k'}{m}|C|^2
\end{aligned} \tag{19.41}$$

確率密度流は流れの方向も示しているので，その絶対値の比が反射係数 R，透過係数 T となる. それぞれ反射，透過の確率となっている.

$$\begin{aligned}
R &= \frac{|J_{\mathrm{R}}|}{|J_0|} = \frac{|B|^2}{|A|^2} = \frac{(k-k')^2}{(k+k')^2}, \\
T &= \frac{|J_{\mathrm{T}}|}{|J_0|} = \frac{k'|C|^2}{k|A|^2} = \frac{4kk'}{(k+k')^2}, \\
R + T &= 1
\end{aligned} \tag{19.42}$$

反射係数 R，透過係数 T のエネルギー依存性を**図 19.11** に示す. 横軸は $\dfrac{k'}{k} = \sqrt{1 - \dfrac{V_0}{E}}$ でとっている. 古典的には $E > V_0$ であれば透過係数が1で反射係数は0となるが，量子力学では $E \to +\infty$ でのみそれは成立しており，一部の粒子は反射される. これは，散乱が生じる波動性に伴う量子力学的な効果である.

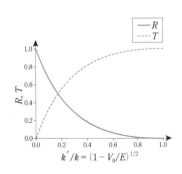

図19.11 階段状ポテンシャルにおける透過係数 T と反射係数 R のエネルギー依存性（$E > V_0$）

19.5.2 $E < V_0$ の場合

この場合領域IIでは，エネルギーがポテンシャルよりも小さいので粒子は壁に反射されると予想できるが果たしてどうだろうか．領域IIでは，シュレーディンガー方程式を以下のように変形する．

$$\left(-\frac{\hbar^2}{2m}\frac{d^2}{dx^2}+V_0\right)\psi(x)=E\psi(x),$$

$$\frac{d^2\psi(x)}{dx^2}=\frac{2m(V_0-E)}{\hbar^2}\psi(x)=\kappa^2\psi(x), \tag{19.43}$$

$$\kappa=\frac{\sqrt{2m(V_0-E)}}{\hbar}(\geq 0)$$

領域Iでの解は $E > V_0$ のときと同じであるが，領域IIでの解は，

$$\psi_{II}(x)=\alpha e^{\kappa x}+\beta e^{-\kappa x} \tag{19.44}$$

のように指数関数の肩は実数となり，振動解にはならず，発散か減衰解となる．κ は正であり，$e^{\kappa x}$ は x が大きいところで発散するので，$\alpha=0$ となる．A, B, β の3つの未知数に対して，少なくともそれらの比を求めるには，$x=0$ で2つの境界条件が $x=0$ で必要である．すなわち，波動関数が一価で連続（微分が等しい）という条件である．

$$\psi_{I}(0)=\psi_{II}(0),\quad A+B=\beta,$$

$$\left.\frac{d\psi_{I}}{dx}\right|_{x=0}=\left.\frac{d\psi_{II}}{dx}\right|_{x=0},\quad ikA-ikB=-\kappa\beta, \tag{19.45a}$$

これを解くと，

$$A=\frac{1}{2}\left(1-\frac{\kappa}{ik}\right)\beta=\frac{1}{2}\left(1+\frac{i\kappa}{k}\right)\beta,\quad |A|^2=\frac{1}{4}\left(1+\frac{\kappa^2}{k^2}\right)|\beta|^2,$$

$$B=\frac{1}{2}\left(1-\frac{i\kappa}{k}\right)\beta,\quad |B|^2=\frac{1}{4}\left(1+\frac{\kappa^2}{k^2}\right)|\beta|^2 \tag{19.45b}$$

ここで，J_0, J_R は $E > V_0$ の場合と同じであり，J_T は以下のようにゼロとなる．

$$J_T=\frac{i\hbar}{2m}\left(\psi_T\frac{d\psi_T^*}{dx}-\psi_T^*\frac{d\psi_T}{dx}\right)$$

$$=\frac{i\hbar}{2m}[\beta e^{-\kappa x}(-\kappa)\beta^* e^{-\kappa x}-\beta^* e^{-\kappa x}(-\kappa)\beta e^{-\kappa x}]=0 \tag{19.46}$$

また，反射係数 R と透過係数 T は以下のようになる．

$$R=\frac{|J_R|}{|J_0|}=\frac{|B|^2}{|A|^2}=\frac{\frac{1}{4}\left(1+\frac{\kappa^2}{k^2}\right)|\beta|^2}{\frac{1}{4}\left(1+\frac{\kappa^2}{k^2}\right)|\beta|^2}=1,$$

$$T=\frac{|J_T|}{|J_0|}=0 \tag{19.47}$$

透過係数がゼロで反射係数が1なので，弾性ボールの反射などの古典力学と同じと勘違いしてはいけない．ψ_{II} の存在確率を計算すると，

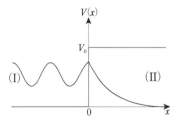

図19.12 $E < V_0$ の場合の波動関数のしみ出し

領域Ⅰでは振動する波動関数が領域Ⅱでは有限の距離で減衰していく.

注8) トンネル電流の大きさは，表面からの距離に伴い指数関数的に減衰する.

パリのモンマルトルの丘の一角に，パリ市民から愛されている一体の彫像があります．それは，壁を通り抜けようとして，そのまま壁の中に囚われてしまったような奇妙な姿の男の像です．彼こそが，ミュージカル『壁抜け男』の主人公・デュティユルです.

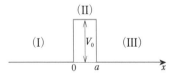

図19.13 有限の高さ・幅をもつポテンシャル障壁

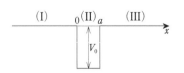

図19.14 有限の高さ・幅をもつポテンシャル孔

$$|\psi_{\mathrm{II}}|^2 = |\beta|^2\, e^{-2\kappa x} \tag{19.48}$$

となり，**図 19.12** のようになる．領域Ⅰでの振動解から領域Ⅱでの減衰解になる．減衰解では $(2\kappa)^{-1}$ 程度の距離障壁の中に存在確率がゼロでない領域が存在する．これは，壁の中で存在確率がゼロである古典的な描像とは一致しない．この現象は**波動関数のしみ出し**といわれる.

19.6 トンネリング：有限の高さ・幅をもつポテンシャル障壁

図 19.13 のような有限の高さ・幅をもつ**ポテンシャル障壁**を考えよう．導電性をもつ固体表面の原子像を比較的容易に得ることができる **STM**(Scanning Tunneling Microscopy，走査型トンネル顕微鏡)の基本原理(注8)は，このポテンシャル障壁で説明できる.

$$V(x) = \begin{cases} 0, & x < 0 \\ V_0, & 0 < x < a \\ 0, & x > a \end{cases} \tag{19.49}$$

ポテンシャルは，$x < 0$ でゼロ，$x = 0$ でゼロから V_0 となり，$x = a$ まで V_0 で一定，$x > a$ で再びゼロに戻る．ちなみに，**図 19.14** に示すように，$V_0 < 0$ とすればポテンシャルの井戸を透過する場合も計算できる．式上は同じで，V_0 の符号を反転させれば可能であるが，井戸の中に束縛状態ができるので，それについては演習問題 19.5 で解く.

19.6.1 $E \geq V_0$ の場合

領域Ⅰ，Ⅱについては右と左への進行波，領域Ⅲでは障壁を越えた右への進行波で波動関数を表す．未知数は 5 つとなるので，少なくとも係数間の比を求めるには 4 つの境界条件が必要である.

$$\begin{aligned} &\psi_{\mathrm{I}}(x) = Ae^{ikx} + Be^{-ikx}, \quad k = \sqrt{2mE}\,/\,\hbar, \\ &\psi_{\mathrm{II}}(x) = Ce^{ik'x} + De^{-ik'x}, \quad k' = \sqrt{2m(E - V_0)}\,/\,\hbar, \\ &\psi_{\mathrm{III}}(x) = Fe^{ikx}, \quad k = \sqrt{2mE}\,/\,\hbar, \\ &\psi_{\mathrm{I}}(0) = \psi_{\mathrm{II}}(0), \quad \frac{\mathrm{d}\psi_{\mathrm{I}}}{\mathrm{d}x}\bigg|_{x=0} = \frac{\mathrm{d}\psi_{\mathrm{II}}}{\mathrm{d}x}\bigg|_{x=0}, \\ &A + B = C + D, \quad ik(A - B) = ik'(C - D), \\ &\psi_{\mathrm{II}}(a) = \psi_{\mathrm{III}}(a), \quad \frac{\mathrm{d}\psi_{\mathrm{II}}}{\mathrm{d}x}\bigg|_{x=a} = \frac{\mathrm{d}\psi_{\mathrm{III}}}{\mathrm{d}x}\bigg|_{x=a}, \\ &Ce^{ik'a} + De^{-ik'a} = Fe^{ika}, \quad ik'(Ce^{ik'a} - De^{-ik'a}) = ikFe^{ika} \end{aligned} \tag{19.50}$$

F と C, D の関係式を求め，A と C, D の関係式を整理して F を A で表すと，

$$F = \frac{4kk'e^{-ika}}{(k+k')^2 e^{-ik'a} - (k-k')^2 e^{ik'a}} A$$

$$= \frac{4kk'e^{-ika}}{4kk'\cos(k'a) - 2i(k^2 + k'^2)\sin(k'a)} A, \tag{19.51a}$$

$$|F|^2 = \frac{16k^2 k'^2}{16k^2 k'^2 \cos^2(k'a) + 4(k^2 + k'^2)^2 \sin^2(k'a)} |A|^2,$$

透過係数は,

$$T = \frac{|J_\mathrm{T}|}{|J_0|} = \frac{|F|^2}{|A|^2} = \frac{1}{1 + \dfrac{1}{4}\left(\dfrac{k^2 - k'^2}{kk'}\right)^2 \sin^2(k'a)}$$

$$= \frac{1}{1 + \dfrac{1}{4\gamma(\gamma-1)}\sin^2\left(\dfrac{\sqrt{2mV_0}}{\hbar}a\sqrt{\gamma-1}\right)}, \tag{19.51b}$$

となる. ここで,

$$\left(\frac{k^2 - k'^2}{kk'}\right)^2 = \frac{V_0^2}{E(E-V_0)} = \frac{1}{\left(\dfrac{E}{V_0}\right)\left(\dfrac{E}{V_0} - 1\right)} = \frac{1}{\gamma(\gamma-1)}, \tag{19.51c}$$

$$\gamma \equiv E/V_0, \quad k' = \frac{\sqrt{2m(E-V_0)}}{\hbar} = \frac{\sqrt{2mV_0(\gamma-1)}}{\hbar}$$

を用いた. ただし, $\gamma > 1$ である. また反射係数は, $R = 1-T$ より

$$R = 1 - T = 1 - \frac{1}{1 + \dfrac{1}{4\gamma(\gamma-1)}\sin^2\left(\dfrac{\sqrt{2mV_0}}{\hbar}a\sqrt{\gamma-1}\right)}$$

$$= \frac{1}{\dfrac{4\gamma(\gamma-1)}{\sin^2\left(\dfrac{\sqrt{2mV_0}}{\hbar}a\sqrt{\gamma-1}\right)} + 1} \tag{19.52}$$

となる. 透過係数 T の γ 依存性(エネルギー依存性)を**図 19.15** に示す.

　一般に γ が大きくなると $T=1$ に収束する. さらに透過係数は大きく振動

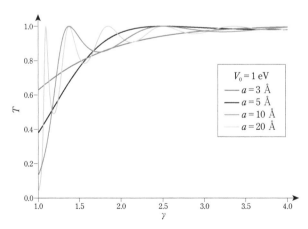

図19.15　$V_0 = 1$ eVのときの透過係数の$\gamma (= E/V_0 > 1)$ 依存性
障壁の幅 a を変えて計算している.

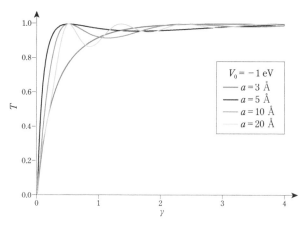

図19.16 $V_0 = -1\,\mathrm{eV}$ のときの透過係数の $\gamma(=E/|V_0| \geqq 0)$ 依存性
障壁の幅 a を変えて計算している.

しており, $T = 1$ となるのは, 式(19.51)の sin 関数の引数がゼロになるとき であり,

$$\frac{\sqrt{2mV_0}}{\hbar}a\sqrt{\gamma-1} = n\pi, \quad \frac{E}{V_0}-1 = \frac{n^2\pi^2\hbar^2}{2mV_0a^2}, \quad E = V_0 + \frac{n^2\pi^2\hbar^2}{2ma^2} \tag{19.53}$$

となる. 最後の式から長さ a の箱の中の粒子の固有値に V_0 を足したところ で $T = 1$ となる. これは古典的には観測されない共鳴現象で, 障壁で右への 進行波と左への進行波が仮想的な定在波を作るとみなせる.

図 19.14 のように, V_0 が負の場合の井戸型ポテンシャルでは, $V_0 = -|V_0|$, $\gamma = E/|V_0|$ とすれば, $E - V_0 = E + |V_0|$ になるので, 透過係数 T はすぐに求ま り,

$$T = \frac{1}{1 + \dfrac{1}{4\gamma(\gamma+1)}\sin\left(\dfrac{\sqrt{2m|V_0|}}{\hbar}a\sqrt{\gamma+1}\right)} \tag{19.54}$$

となる. 井戸型ポテンシャルの場合, γ の条件は緩和され, $\gamma = E/|V_0| \geqq 0$ となる. $\gamma \to 0$ のときは, 古典的な予想とは異なって, ほとんど透過せず反 射する(**図 19.16**). また, 透過係数は振動し, ポテンシャル障壁のときと同 じように $T = 1$ となる共鳴現象が見られ, その条件は sin がゼロになるとき なので,

$$\frac{\sqrt{2m|V_0|}}{\hbar}a\sqrt{\gamma+1} = n\pi, \quad \frac{E}{|V_0|}+1 = \frac{n^2\pi^2\hbar^2}{2m|V_0|a^2}, \quad E = \frac{n^2\pi^2\hbar^2}{2ma^2}-|V_0| \tag{19.55}$$

となり, 最後の式より長さ a の箱の中の粒子の固有値から $|V_0|$ を引いたとこ ろで $T = 1$ となる.

19.6.2 $E < V_0$ の場合

領域 I と III で波動関数は $E \geqq V_0$ の場合と同じであるが, 領域 II では以下 の解となる.

$$\psi_{\mathrm{I}}(x) = Ae^{ikx} + Be^{-ikx}, \quad k = \sqrt{2mE}\,/\,\hbar,$$

$$\psi_{\mathrm{II}}(x) = Ge^{k''x} + He^{-k''x}, \quad k'' = \sqrt{2m(V_0 - E)}\,/\,\hbar, \tag{19.56a}$$

$$\psi_{\mathrm{III}}(x) = Fe^{ikx}, \quad k = \sqrt{2mE}\,/\,\hbar,$$

境界条件は以下となる.

$$\psi_{\mathrm{I}}(0) = \psi_{\mathrm{II}}(0), \quad \left.\frac{\mathrm{d}\psi_{\mathrm{I}}}{\mathrm{d}x}\right|_{x=0} = \left.\frac{\mathrm{d}\psi_{\mathrm{II}}}{\mathrm{d}x}\right|_{x=0},$$

$$A + B = G + H, \quad ik(A - B) = k''(G - H), \tag{19.56b}$$

$$\psi_{\mathrm{II}}(a) = \psi_{\mathrm{III}}(a), \quad \left.\frac{\mathrm{d}\psi_{\mathrm{II}}}{\mathrm{d}x}\right|_{x=a} = \left.\frac{\mathrm{d}\psi_{\mathrm{III}}}{\mathrm{d}x}\right|_{x=a},$$

$$Ge^{k''a} + He^{-k''a} = Fe^{ika}, \quad k''(Ge^{k''a} - He^{-k''a}) = ikFe^{ika}$$

透過係数 T と反射係数 R は，$E \geq V_0$ の場合と同じく $T = |F|^2/|A|^2$, $R = |B|^2/|A|^2$ で求め，最後に $T + R = 1$ を確認する.

よって，F, G, H は

$$G + He^{-2k''a} = Fe^{ika}e^{-k''a}, \quad G - He^{-2k''a} = i\frac{k}{k''}Fe^{ika}e^{-k''a} \tag{19.57a}$$

$$G = \frac{F}{2}\left(1 + i\frac{k}{k''}\right)e^{(ik-k'')a}, \quad H = \frac{F}{2}\left(1 - i\frac{k}{k''}\right)e^{(ik+k'')a} \tag{19.57b}$$

となり，これらを A と B の関係に代入して A で割ると，

$$\begin{aligned}
1 + \frac{B}{A} &= \frac{1}{A}(G + H) \\
&= \frac{F}{2A}e^{ika}\left[\left(1 + i\frac{k}{k''}\right)e^{-k''a} + \left(1 - i\frac{k}{k''}\right)e^{k''a}\right] \\
&= \frac{F}{A}e^{ika}\left[\frac{e^{-k''a} + e^{k''a}}{2} - i\frac{k}{k''}\frac{e^{k''a} - e^{-k''a}}{2}\right] \\
&= \frac{F}{A}e^{ika}\left[\cosh(k''a) - i\frac{k}{k''}\sinh(k''a)\right], \\
1 - \frac{B}{A} &= \frac{-ik''}{Ak}(G - H) \\
&= \frac{F}{2A}e^{ika}\left[\frac{-ik''}{k}\left(1 + i\frac{k}{k''}\right)e^{-k''a} - \frac{-ik''}{k}\left(1 - i\frac{k}{k''}\right)e^{k''a}\right] \\
&= \frac{F}{A}e^{ika}\left[\frac{e^{-k''a} + e^{k''a}}{2} + \frac{ik''}{k}\frac{e^{k''a} - e^{-k''a}}{2}\right] \\
&= \frac{F}{A}e^{ika}\left[\cosh(k''a) + i\frac{k''}{k}\sinh(k''a)\right]
\end{aligned} \tag{19.58}$$

となる．$\left(1 + \dfrac{B}{A}\right) + \left(1 - \dfrac{B}{A}\right)$ は，

$$2 = \frac{F}{A}e^{ika}\left[2\cosh(k''a) - i\left(\frac{k}{k''} - \frac{k''}{k}\right)\sinh(k''a)\right]$$

$$\frac{F}{A} = 2e^{-ika}\left[2\cosh(k''a) + i\frac{(k'')^2 - k^2}{kk''}\sinh(k''a)\right]^{-1} \tag{19.59a}$$

$\left(1 + \dfrac{B}{A}\right) - \left(1 - \dfrac{B}{A}\right)$ は，

$$2\frac{B}{A} = \frac{F}{A}e^{ika}(-i)\left(\frac{k}{k''}+\frac{k''}{k}\right)\sinh(k''a) = \frac{F}{A}e^{ika}(-i)\frac{(k'')^2+k^2}{kk''}\sinh(k''a)$$

$$\frac{B}{A} - e^{-ika}\left[2\cosh(k''a)+i\frac{(k'')^2-k^2}{kk''}\sinh(k''a)\right]^{-1}e^{ika}(-i)\frac{(k'')^2+k^2}{kk''}\sinh(k''a)$$

（19.59b）

となる．したがって，透過係数 T と反射係数 R は，

$$T = \frac{|F|^2}{|A|^2} = 4\left\{4\cosh^2(k''a)+\left[\frac{(k'')^2-k^2}{kk''}\right]^2\sinh^2(k''a)\right\}^{-1}$$

$$= \left\{\cosh^2(k''a)+\frac{1}{4}\left[\frac{(k'')^2-k^2}{kk''}\right]^2\sinh^2(k''a)\right\}^{-1}$$

$$= \left\{1+\sinh^2(k''a)+\frac{1}{4}\left[\frac{(k'')^2-k^2}{kk''}\right]^2\sinh^2(k''a)\right\}^{-1}$$

$$= \left\{1+\frac{1}{4}\left[\frac{(k'')^2+k^2}{kk''}\right]^2\sinh^2(k''a)\right\}^{-1}$$

$$R = \frac{|B|^2}{|A|^2} = \left[\frac{(k'')^2+k^2}{kk''}\right]^2\sinh^2(k''a)\left\{4\cosh^2(k''a)+\left[\frac{(k'')^2-k^2}{kk''}\right]^2\sinh^2(k''a)\right\}^{-1}$$

$$= \frac{1}{4}\left[\frac{(k'')^2+k^2}{kk''}\right]^2\sinh^2(k''a)\left\{1+\sinh^2(k''a)+\frac{1}{4}\left[\frac{(k'')^2-k^2}{kk''}\right]^2\sinh^2(k''a)\right\}^{-1}$$

$$= \frac{1}{4}\left[\frac{(k'')^2+k^2}{kk''}\right]^2\sinh^2(k''a)\left\{1+\frac{1}{4}\left[\frac{(k'')^2+k^2}{kk''}\right]^2\sinh^2(k''a)\right\}^{-1}$$

（19.60）

となる．ここで，

$$\cosh^2 x - \sinh^2 x = \left(\frac{e^x+e^{-x}}{2}\right)^2 - \left(\frac{e^x-e^{-x}}{2}\right)^2$$

$$= \frac{e^{2x}+e^{-2x}+2-(e^{2x}+e^{-2x}-2)}{4} = 1$$

（19.61）

を用いた．

古典的には，$E < V_0$ であればすべて反射されるが，驚くことに透過係数はゼロとはならない．これは我々の直感に反する量子力学的効果であり，**トンネリング**といわれる．$E \geq V_0$ の場合と同様に，式(19.60)を $\gamma = E/V_0 < 1$ を使って書き換えると以下のようになる．

$$\left[\frac{(k'')^2+k^2}{kk''}\right]^2 = \left[\frac{V_0-E+E}{\sqrt{E(V_0-E)}}\right]^2 = \frac{V_0^2}{E(V_0-E)} = \frac{1}{\frac{E}{V_0}\left(1-\frac{E}{V_0}\right)} = \frac{1}{\gamma(1-\gamma)},$$

$$k''a = \frac{\sqrt{2m(V_0-E)}}{\hbar}a = \frac{\sqrt{2mV_0(1-E/V_0)}}{\hbar}a = \frac{\sqrt{2mV_0}}{\hbar}a\sqrt{1-\gamma},$$

$$T = \left\{1+\frac{1}{4\gamma(1-\gamma)}\sinh^2\left(\frac{\sqrt{2mV_0}}{\hbar}a\sqrt{1-\gamma}\right)\right\}^{-1},$$

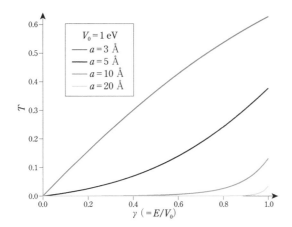

図19.17 障壁を通過する透過係数 T のエネルギー依存性
障壁の幅 a を変えている．$\gamma > 1$ は図 19.15 に接続される．

$$R = \frac{T}{4\gamma(1-\gamma)}\sinh^2\left(\frac{\sqrt{2mV_0}}{\hbar}a\sqrt{1-\gamma}\right)$$

$$(19.62\text{a})$$

ここで，$T + R = 1$ を確認する．

$$T + R = \left\{1 + \frac{1}{4\gamma(1-\gamma)}\sinh^2\left(\frac{\sqrt{2mV_0}}{\hbar}a\sqrt{1-\gamma}\right)\right\}^{-1}$$

$$(19.62\text{b})$$

$$\left[1 + \frac{1}{4\gamma(1-\gamma)}\sinh^2\left(\frac{\sqrt{2mV_0}}{\hbar}a\sqrt{1-\gamma}\right)\right] = 1$$

$\gamma = E/V_0$ が 1 に近づくほど T は単調に増加し，同じ γ あるいはエネルギーでは，障壁の幅が薄いほど透過すなわちトンネリングしやすいことが**図 19.17** からわかる．

果たして，この現象をどのように捉えたらいいであろうか．いま $V_0 = 1\,\text{eV}$ で $\gamma = V_0/E = 0.5$，すなわち $E = 0.5\,\text{eV}$ の場合の電子を考えよう．領域 I ではポテンシャルがゼロなので，エネルギーはすべて運動エネルギーであると考えれば，電子の速度 v は $419370\,\text{m s}^{-1}$ となる．この速度で幅 a の壁をすり抜ける時間 Δt は，$\Delta t = a/v$ となる．例えば，3 Å の幅の壁であれば，$0.72\,\text{fs} = 7.2 \times 10^{-16}\,\text{s}$ ですり抜けることになる．

ここで，4 章で学んだエネルギーと時間の不確定性を考える．$\Delta E \Delta t \geq \hbar/2$ なので，Δt が $0.72\,\text{fs}$ と非常に短時間であれば，エネルギーは $\Delta E \geq \hbar/(2\Delta t)$ で不確定になる．3 Å の幅の壁であれば，$\Delta E = 0.46\,\text{eV}$ となり障壁の高さ程度まで不確定になり，ある意味で障壁を超えることが可能になる．これが，トンネリングの直感的（？）な説明である．障壁の幅 a が 5, 10, 20 Å となるにつれ，$\Delta E = 0.28, 0.14, 0.07\,\text{eV}$ と小さくなるので，T はそれに伴い減少する．

トンネリングは，ダイオード，トランジスタなどで半導体素子の動作原理の基本現象となっている．また，化学・物理の世界では，1980 年代までは物質の原子像を得るには超高圧電子顕微鏡[注9]を使用していた．しかし，1982 年 IBM チューリッヒ研究所で導体表面の原子像を探針を使って得る方

注9）電顕センターなどで大きな建屋が必要となる．

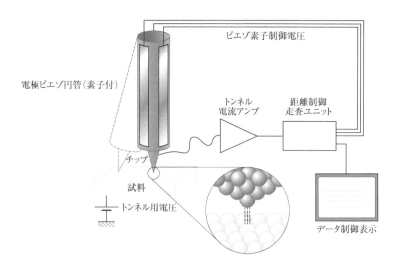

図19.18　STMの構成

出典：https://en.wikipedia.org/wiki/Scanning_tunneling_microscope#/media/File:Scanning_Tunneling_Microscope_schematic.svg

法が開発された．**STM** と呼ばれるこの手法では，**図 19.18** に示すように，探針と試料の間にバイアス電圧をかけ，流れる電流が表面からの距離に指数関数的に変化することと探針側の 1 原子にその電流が集中することにより原子像が得られる．

　流れる電流が表面からの距離に指数関数的に変化することは，ここでのモデルで説明できる．いま，$V_0 = 1\,\text{eV}$ で $\gamma = V_0/E = 0.5$ の場合を考えよう．$4\gamma(1-\gamma) = 1$, $[2mV_0(1-\gamma)]^{1/2} = (mV_0)^{1/2}$ となり，$\sinh^2 x = (e^x - e^{-x})^2/4 = (e^{2x} + e^{-2x} - 2)/4$ なので，透過係数 T は

$$T = \left\{1 + \sinh^2\left(\frac{\sqrt{mV_0}}{\hbar}a\right)\right\}^{-1} = \frac{4}{2 + \exp\left(2\dfrac{\sqrt{mV_0}}{\hbar}a\right) + \exp\left(-2\dfrac{\sqrt{mV_0}}{\hbar}a\right)}$$

(19.63)

となる．ここで，$\exp\left(2\hbar^{-1}\sqrt{mV_0}\,a\right) \gg 2 \gg \exp\left(-2\hbar^{-1}\sqrt{mV_0}\,a\right)$ なら，

$$T \simeq 4\exp(-2\hbar^{-1}\sqrt{mV_0}\,a), \quad \ln T \simeq \ln 4 - 2\hbar^{-1}\sqrt{mV_0}\,a$$

(19.64)

となる．STM の実験では，探針と試料表面の距離は 1 nm 程度なので $a = 1\,\text{nm}$ を入れると，上の不等式は，$167 \gg 2 \gg 0.0060$ となり成立する．これより，1 次元のトンネリングが STM での電流依存性を説明することが示された．演習問題 19.8 で，実測された電流値の位置依存性から障壁の高さを見積もる．

19.7　1次元の調和振動子：分子振動

19.7.1　調和振動子の古典論

　図 19.19(左)のように，天井から吊り下げられたばね(ばね定数を k とす

る）に質量 m のおもりがぶら下がって単振動することは，力は平衡位置からの変位に比例するという仮定のもとに，$F = -kx$ とニュートンの運動方程式 $F = ma$ を組み合わせて古典力学で解くことができる．

$$F = -kx = m\frac{\mathrm{d}^2 x}{\mathrm{d}t^2}, \quad x = x_0 e^{i\omega t}, \quad \omega^2 = k/m, \quad \omega = \sqrt{k/m} \tag{19.65}$$

このような単振動を行う系を**調和振動子**という．

さて，質量が非常に軽くなって，2原子分子となったときにはどうなるであろうか（図19.19（右））．まずは古典力学で解いてみよう．大きい原子の座標を x_1，質量を m_1，小さい原子の座標を x_2，質量を m_2 とし，ばね定数を k，平衡原子間距離を r_0 とする．それぞれの原子の運動方程式は，

$$F_1 = m_1 \frac{\mathrm{d}^2 x_1}{\mathrm{d}t^2} = k(x_2 - x_1 - r_0),$$
$$F_2 = m_2 \frac{\mathrm{d}^2 x_2}{\mathrm{d}t^2} = -F_1 = -k(x_2 - x_1 - r_0) \tag{19.66}$$

となるので，以下のように解を求めることができる．

$$x_1 = x_{1,0} + Ae^{-i\omega t}, \quad x_2 = x_{2,0} + Be^{-i\omega t}, \quad x_{2,0} - x_{1,0} = r_0,$$
$$m_1 \frac{\mathrm{d}^2 x_1}{\mathrm{d}t^2} = -m_1 \omega^2 Ae^{-i\omega t} = k(B-A)e^{-i\omega t},$$
$$m_2 \frac{\mathrm{d}^2 x_2}{\mathrm{d}t^2} = -m_2 \omega^2 Be^{-i\omega t} = -k(B-A)e^{-i\omega t},$$
$$m_1 A + m_2 B = 0, \quad m_1 \omega^2 A = k\left(1 + \frac{m_1}{m_2}\right)A = k\frac{m_1 + m_2}{m_2}A, \quad \omega^2 = k\frac{m_1 + m_2}{m_2},$$
$$\mu = \frac{m_1 m_2}{m_1 + m_2}, \quad \frac{1}{\mu} = \frac{1}{m_1} + \frac{1}{m_2}, \quad \omega = \sqrt{\frac{k}{\mu}} \tag{19.67}$$

ここで，μ は**換算質量**と呼ばれる量で，$m_1 = m_2$ なら $\mu = m_1/2$ となる．2原子分子の振動は換算質量 μ をもつ調和振動子の振動と考えることができる．これは，古典的な解であるが，原子の質量が小さくなる振動（例えば水素分子）では，量子的な効果はないのであろうか．調和振動子のシュレーディンガー方程式には解析解があるので，まずはそれを学ぼう．

19.7.2 調和振動子の量子論

調和振動子にかかる力は $F = -kx$ であり，ポテンシャル $V(x)$ はその積分であり $V(x) = (1/2)kx^2$ となる．換算質量 m[注10] をもつ調和振動子のシュレーディンガー方程式は，

$$\left(-\frac{\hbar^2}{2m}\frac{\mathrm{d}}{\mathrm{d}x^2} + \frac{1}{2}kx^2\right)\psi = E\psi, \quad \left(-\frac{\hbar^2}{2m}\frac{\mathrm{d}}{\mathrm{d}x^2} + \frac{1}{2}m\omega^2 x^2\right)\psi = E\psi \tag{19.68}$$

となる．ここで，$\omega = \sqrt{k/m}$ を用いた．式を簡単にするために，以下のような変数変換を行う．

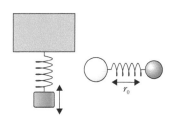

図19.19 天井からつるされたばねの振動（左）と2原子分子の分子振動（右）

注10）本来なら μ である．19.7.3項を参照．

$$\xi = \sqrt{\frac{m\omega}{\hbar}}x, \quad \varepsilon = \frac{2E}{\hbar\omega} \tag{19.69}$$

シュレーディンガー方程式は，変数変換によって以下のように変換される.

$$\left(-\frac{\hbar^2}{2m}\frac{m\omega}{\hbar}\frac{\mathrm{d}}{\mathrm{d}\xi^2} + \frac{1}{2}m\omega^2\frac{\hbar}{m\omega}\xi^2\right)\psi = \frac{\hbar\omega}{2}\varepsilon\psi$$

$$\left(-\frac{\mathrm{d}}{\mathrm{d}\xi^2} + \xi^2\right)\psi = \varepsilon\psi \tag{19.70}$$

ξ が非常に大きいところ$(\xi^2 \gg \varepsilon)$では，右辺は無視できるので，

$$\left(-\frac{\mathrm{d}}{\mathrm{d}\xi^2} + \xi^2\right)\psi = 0, \quad \psi = Ae^{-\frac{1}{2}\xi^2},$$

$$\frac{\mathrm{d}\psi}{\mathrm{d}\xi} = -A\xi e^{-\frac{1}{2}\xi^2}, \quad \frac{\mathrm{d}^2\psi}{\mathrm{d}\xi^2} = A(\xi^2-1)e^{-\frac{1}{2}\xi^2} \simeq A\xi^2 e^{-\frac{1}{2}\xi^2} \tag{19.71}$$

となり，$e^{-\frac{1}{2}\xi^2}$ は方程式の近似解となる．近似解以外の解の部分を $H(\xi)$ として $\exp(-\xi^2/2)H(\xi)$ を元の方程式の波動関数に入れると，

$$\left(-\frac{\mathrm{d}}{\mathrm{d}\xi^2} + \xi^2\right)H(\xi)e^{-\frac{1}{2}\xi^2} = \varepsilon H(\xi)e^{-\frac{1}{2}\xi^2}$$

$$-\frac{\mathrm{d}}{\mathrm{d}\xi}\left(\frac{\mathrm{d}H}{\mathrm{d}\xi}e^{-\frac{1}{2}\xi^2} - \xi He^{-\frac{1}{2}\xi^2}\right) + H\xi^2 e^{-\frac{1}{2}\xi^2} = \varepsilon He^{-\frac{1}{2}\xi^2}$$

$$-\frac{\mathrm{d}^2 H}{\mathrm{d}\xi^2}e^{-\frac{1}{2}\xi^2} + \frac{\mathrm{d}H}{\mathrm{d}\xi}\xi e^{-\frac{1}{2}\xi^2} + He^{-\frac{1}{2}\xi^2} + \xi\frac{\mathrm{d}H}{\mathrm{d}\xi}e^{-\frac{1}{2}\xi^2} - H\xi^2 e^{-\frac{1}{2}\xi^2} + H\xi^2 e^{-\frac{1}{2}\xi^2}$$

$$-\varepsilon He^{-\frac{1}{2}\xi^2} = 0 \tag{19.72a}$$

となり，微分としてまとめると，

$$\frac{\mathrm{d}^2 H(\xi)}{\mathrm{d}\xi^2} - 2\xi\frac{\mathrm{d}H(\xi)}{\mathrm{d}\xi} + (\varepsilon-1)H(\xi) = 0 \tag{19.72b}$$

となる．式(19.72b)に $2n = \varepsilon - 1$ を代入すると，**エルミート**(Hermite)**の微分方程式**と呼ばれる，以下の微分方程式を満たす.

$$\left(\frac{\mathrm{d}^2}{\mathrm{d}\xi^2} - 2\xi\frac{\mathrm{d}}{\mathrm{d}\xi} + 2n\right)H_n(\xi) = 0 \tag{19.73a}$$

エルミートの母関数は以下で定義される.

$$e^{-t^2+2\xi t} = \sum_{n=0}^{\infty}\frac{1}{n!}H_n(\xi)t^n \tag{19.73b}$$

$n-1, n, n+1$ の漸化式として

$$H_{n+1}(\xi) = 2\xi H_n(\xi) - 2n H_{n-1}(\xi),$$

$$H_n'(\xi) = 2n H_{n-1}(\xi),$$

$$H_0(\xi) = 1, \quad H_1(\xi) = 2\xi,$$

$$H_2(\xi) = 4\xi^2 - 2, \tag{19.73c}$$

$$H_3(\xi) = 8\xi^3 - 12\xi,$$

$$H_4(\xi) = 16\xi^4 - 48\xi^2 + 12$$

が得られる．ここで，関数 $H_n(\xi)$ は**エルミート多項式**として知られ，2つ目の式を t で展開したときの $t^n/n!$ の係数となっている．この式の両辺を t あるいは ξ で微分すると漸化式が得られる．また，エルミート多項式には，以下の直交関係がある．

$$\int_{-\infty}^{+\infty} H_n(\xi) H_m(\xi) e^{-\xi^2} d\xi = \begin{cases} 0, & n \neq m \\ 2^n n! \sqrt{\pi}, & n = m \end{cases} \tag{19.74}$$

これを利用して，波動関数 ψ の規格直交化を行うことができ，規格化定数 A_n を以下のように求めることができる．

$$\psi_n(\xi) = A_n H_n(\xi) e^{-\frac{1}{2}\xi^2},$$

$$A_n^2 \int_{-\infty}^{+\infty} H_n(\xi) H_n(\xi) e^{-\xi^2} d\xi$$

$$= A_n^2 \int_{-\infty}^{+\infty} H_n\left(\sqrt{\frac{m\omega}{\hbar}}x\right) H_n\left(\sqrt{\frac{m\omega}{\hbar}}x\right) e^{-\frac{m\omega}{\hbar}x^2} d\xi$$

$$= \sqrt{\frac{m\omega}{\hbar}} dx$$

$$= A_n^2 2^n n! \sqrt{\pi}$$

$$A_n^2 \int_{-\infty}^{+\infty} H_n\left(\sqrt{\frac{m\omega}{\hbar}}x\right) H_n\left(\sqrt{\frac{m\omega}{\hbar}}x\right) e^{-\frac{m\omega}{\hbar}x^2} dx = A_n^2 2^n n! \sqrt{\pi} \sqrt{\frac{\hbar}{m\omega}} = 1,$$

$$A_n = \left(\frac{1}{2^n n!}\sqrt{\frac{2m\omega}{\hbar}}\right)^{1/2}$$

$$\psi_n(x) = \left(\frac{1}{2^n n!}\sqrt{\frac{2m\omega}{\hbar}}\right)^{1/2} H_n\left(\sqrt{\frac{m\omega}{\hbar}}x\right) e^{-\frac{m\omega}{2\hbar}x^2},$$

$$\int_{-\infty}^{+\infty} \psi_n^*(x) \psi_m(x) dx = \delta_{n,m}$$

$$\tag{19.75}$$

また，エネルギー固有値は，$2n = \varepsilon - 1$ とすれば

$$2n = \varepsilon_n - 1, \quad \varepsilon_n = \frac{2E_n}{\hbar\omega} = 2n + 1,$$

$$E_n = \hbar\omega\left(n + \frac{1}{2}\right), \quad n = 0, 1, 2, 3, \ldots \tag{19.76}$$

となる．特筆すべきは，$n = 0$ の基底状態である．古典的な調和振動子ではエネルギーはゼロであるが，量子力学的な調和振動子では，$(1/2)\hbar\omega$ のエネルギーをもつ．これは，次に示すように不確定性に起因するものであり，**零点振動**と呼ばれる．

19.7.3 調和振動子としての水素分子

水素分子の調和振動子ポテンシャル $V(x) = \frac{1}{2}kx^2 \, (k = m\omega^2)$ と波動関数，エネルギー固有値を**図 19.20**に示す．ここでは，水素分子の角振動数を $\omega = 8.289 \times 10^{14} \ \mathrm{s}^{-1}$，換算質量 $\mu = m_{\mathrm{H}}/2 = 8.363 \times 10^{-28} \ \mathrm{kg}$ を用いた．波動関数の値が 0 となるところに引いた破線は，エネルギー固有値の大きさ分上にずらしており，破線と赤線のポテンシャルとの交点が，古典的な調和振動子の振幅に相当する．古典的な場合エネルギーは連続な値をもつが，量子力学的な調和振動子の場合許容されたエネルギー固有値は離散的な値となる．すべての波動関数は，古典的な振幅内にとどまらず，波動関数のしみ出しが観測されている．波動関数の両端以外で 0 となる点を**節**（ふし，node）と呼ばれ，節の数は式(19.73a)で示した振動の量子数 n と等しくなっていることもわかる．

19.7.4 生成・消滅演算子による表記

エルミート多項式がもつ以下の性質から，ある状態を生成し消滅させる**生成・消滅演算子**を定義すると便利である．まず，エルミート多項式の漸化式から，以下の性質をもつことが容易に示すことができる．式(19.73)を用いて，

$$\left(\xi - \frac{\mathrm{d}}{\mathrm{d}\xi} \right) \left[e^{-\xi^2/2} H_n(\xi) \right] = e^{-\xi^2/2} \left[2\xi H_n(\xi) - 2n H_{n-1}(\xi) \right] = e^{-\xi^2/2} H_{n+1}(\xi)$$

$$\sqrt{\frac{m\omega}{\hbar}} \left(x - \frac{\hbar}{m\omega} \frac{\mathrm{d}}{\mathrm{d}x} \right) \left[(2^n n!)^{1/2} \left(\frac{\hbar}{2m\omega} \right)^{1/4} \psi_n(x) \right]$$

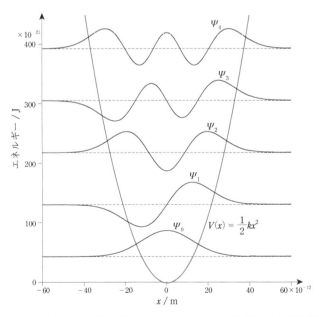

図19.20 水素分子の調和振動子ポテンシャルとエネルギー固有値と波動関数

$$= \left[2^{n+1}(n+1)!\right]^{1/2}\left(\frac{\hbar}{2m\omega}\right)^{1/4}\psi_{n+1}(x) \tag{19.77a}$$

$$\sqrt{\frac{m\omega}{\hbar}}\left(x-\frac{\hbar}{m\omega}\frac{\mathrm{d}}{\mathrm{d}x}\right)\psi_n(x)=\sqrt{2(n+1)}\psi_{n+1}(x)$$

同様に

$$\left(\xi+\frac{\mathrm{d}}{\mathrm{d}\xi}\right)\left[e^{-\xi^2/2}H_n(\xi)\right]=2ne^{-\xi^2/2}H_{n-1}(\xi)$$

$$\sqrt{\frac{m\omega}{\hbar}}\left(x+\frac{\hbar}{m\omega}\frac{\mathrm{d}}{\mathrm{d}x}\right)\left[(2^n n!)^{1/2}\left(\frac{\hbar}{2m\omega}\right)^{1/4}\psi_n(x)\right] \tag{19.77b}$$

$$=2n\left[2^{n-1}(n-1)!\right]^{1/2}\left(\frac{\hbar}{2m\omega}\right)^{1/4}\psi_{n-1}(x)$$

$$\sqrt{\frac{m\omega}{\hbar}}\left(x+\frac{\hbar}{m\omega}\frac{\mathrm{d}}{\mathrm{d}x}\right)\psi_n(x)=\sqrt{2n}\psi_{n-1}(x)$$

という関係が得られる．$\sqrt{\dfrac{m\omega}{\hbar}}\left(x\mp\dfrac{\hbar}{m\omega}\dfrac{\mathrm{d}}{\mathrm{d}x}\right)$ が ψ_n から $\psi_{n\pm1}$ となることに注

目し，運動量演算子 $\hat{P}x=-i\hbar\dfrac{\partial}{\partial x}$ が微分演算子であることを使って生成演算

子 $\hat{a}^\dagger$，消滅演算子 $\hat{a}$ を

$$\hat{a}^\dagger=\sqrt{\frac{m\omega}{2\hbar}}\left(\hat{x}-\frac{i}{m\omega}\hat{P}_x\right), \quad \hat{a}=\sqrt{\frac{m\omega}{2\hbar}}\left(\hat{x}+\frac{i}{m\omega}\hat{P}_x\right) \tag{19.78a}$$

と定義すれば，

$$\hat{a}^\dagger|n\rangle=\sqrt{n+1}|n+1\rangle, \quad \langle n'|\hat{a}^\dagger|n\rangle=\sqrt{n+1}\langle n'|n+1\rangle=\sqrt{n+1}\delta_{n',n+1}$$

$$\hat{a}|n\rangle=\sqrt{n}|n-1\rangle, \quad \langle n'|\hat{a}|n\rangle=\sqrt{n}\langle n'|n-1\rangle=\sqrt{n}\delta_{n',n-1}$$

$$\hat{a}^\dagger\hat{a}|n\rangle=\sqrt{n}\hat{a}^\dagger|n-1\rangle=n|n\rangle, \quad \langle n'|\hat{a}^\dagger\hat{a}|n\rangle=n\langle n'|n\rangle=n\delta_{n',n}$$

$$\tag{19.78b}$$

となる．ここで，ケット $|n\rangle$ は ψ_n である．また生成・消滅演算子は以下の
特徴をもつ．

$$\hat{a}^\dagger\hat{a}=\frac{m\omega}{2\hbar}\left(\hat{x}^2+\frac{1}{m^2\omega^2}\hat{P}_x^2+\frac{i}{m\omega}\hat{x}\hat{P}_x-\frac{i}{m\omega}\hat{P}_x\hat{x}\right)$$

$$=\frac{1}{\hbar\omega}\left(\frac{1}{2}m\omega^2\hat{x}^2+\frac{1}{2m}\hat{P}_x^2+\frac{i\omega}{2}[\hat{x},\hat{P}_x]\right)$$

$$=\frac{1}{\hbar\omega}\left(\frac{1}{2}m\omega^2\hat{x}^2+\frac{1}{2m}\hat{P}_x^2+\frac{i\omega}{2}i\hbar\right), \tag{19.79a}$$

$$\hbar\omega\hat{a}^\dagger\hat{a}=\frac{1}{2}m\omega^2\hat{x}^2+\frac{1}{2m}\hat{P}_x^2-\frac{1}{2}\hbar\omega$$

したがって，調和振動子のエネルギーは生成・消滅演算子を使って

$$\hbar\omega\left(\hat{a}^\dagger\hat{a}+\frac{1}{2}\right)=\frac{1}{2m}\hat{P}_x^2+\frac{1}{2}m\omega^2\hat{x}^2=\hat{H} \tag{19.79b}$$

と書ける．また，生成・消滅演算子の交換関係は

$$[\hat{a},\hat{a}^\dagger] = \hat{a}\hat{a}^\dagger - \hat{a}^\dagger\hat{a} = \frac{m\omega}{2\hbar}\left(\hat{x}^2 + \frac{1}{m^2\omega^2}\hat{P}_x^2 - \frac{i}{m\omega}\hat{x}\hat{P}_x + \frac{i}{m\omega}\hat{P}_x\hat{x}\right)$$

$$-\frac{m\omega}{2\hbar}\left(\hat{x}^2 + \frac{1}{m^2\omega^2}\hat{P}_x^2 + \frac{i}{m\omega}\hat{x}\hat{P}_x - \frac{i}{m\omega}\hat{P}_x\hat{x}\right) \tag{19.79c}$$

$$= \frac{i}{2\hbar}(-\hat{x}\hat{P}_x + \hat{P}_x\hat{x} - \hat{x}\hat{P}_x + \hat{P}_x\hat{x}) = -\frac{2i}{2\hbar}[\hat{x},\hat{P}_x] = -\frac{i}{\hbar}i\hbar = 1$$

となる.

位置演算子と運動量演算子は，式(19.78a)(19.78b)より以下のように求められる.

$$\hat{x} = \frac{1}{2}\sqrt{\frac{2\hbar}{m\omega}}(\hat{a}^\dagger + \hat{a}) = \sqrt{\frac{\hbar}{2m\omega}}(\hat{a}^\dagger + \hat{a})$$

$$\hat{P} = \frac{1}{2}\sqrt{\frac{2\hbar}{m\omega}}\frac{m\omega}{(-i)}(\hat{a}^\dagger - \hat{a}) = i\sqrt{\frac{m\hbar\omega}{2}}(\hat{a}^\dagger - \hat{a}) \tag{19.80}$$

これらの演算子を波動関数に作用させると

$$\langle n'|\hat{x}|n\rangle = \sqrt{\frac{\hbar}{2m\omega}}\langle n'|(\hat{a}^\dagger + \hat{a})|n\rangle$$

$$= \sqrt{\frac{\hbar}{2m\omega}}\left(\langle n'|\sqrt{n+1}|n+1\rangle + \langle n'|\sqrt{n}|n-1\rangle\right)$$

$$= \sqrt{\frac{\hbar}{2m\omega}}\left(\sqrt{n+1}\delta_{n',n+1} + \sqrt{n}\delta_{n',n-1}\right)$$

$$\langle n'|\hat{P}|n\rangle = i\sqrt{\frac{m\hbar\omega}{2}}\langle n'|(\hat{a}^\dagger - \hat{a})|n\rangle = i\sqrt{\frac{m\hbar\omega}{2}}\left(\sqrt{n+1}\delta_{n',n+1} - \sqrt{n}\delta_{n',n-1}\right)$$

$$\tag{19.81}$$

となる．$n = n'$の場合は，

$$\langle n|\hat{x}|n\rangle = \langle n|\hat{P}|n\rangle = 0 \tag{19.82}$$

となり，すべてのエネルギー固有値で位置および運動量の期待値はゼロとなる．このことは，古典的な調和振動子の描像(平均位置と平均運動量はゼロ)と一致する．

では，分布の広がりとしての分散量はどうなるであろうか．そのためには，位置演算子，運動量演算子の二乗の期待値を求める必要がある．

$$\hat{x}^2 = \frac{\hbar}{2m\omega}(\hat{a}^\dagger + \hat{a})(\hat{a}^\dagger + \hat{a}) = \frac{\hbar}{2m\omega}\left[(\hat{a}^\dagger)^2 + \hat{a}^2 + \hat{a}^\dagger\hat{a} + \hat{a}\hat{a}^\dagger\right]$$

$$= \frac{\hbar}{2m\omega}\left[(\hat{a}^\dagger)^2 + \hat{a}^2 + 2\hat{a}^\dagger\hat{a} + 1\right]$$

$$\hat{P}^2 = -\frac{m\hbar\omega}{2}(\hat{a}^\dagger - \hat{a})(\hat{a}^\dagger - \hat{a}) = -\frac{m\hbar\omega}{2}\left[(\hat{a}^\dagger)^2 + \hat{a}^2 - \hat{a}^\dagger\hat{a} - \hat{a}\hat{a}^\dagger\right]$$

$$= -\frac{m\hbar\omega}{2}\left[(\hat{a}^\dagger)^2 + \hat{a}^2 - 2\hat{a}^\dagger\hat{a} - 1\right]$$

$$\tag{19.83}$$

ここで，式(19.79c)の交換関係$[a,a^\dagger] = 1$を使った．

$$\langle n|(\hat{a}^\dagger)^2|n\rangle = \sqrt{n+1}\,\langle n|\hat{a}^\dagger|n+1\rangle = \sqrt{(n+1)(n+2)}\,\langle n|n+2\rangle = 0,$$
$$\langle n|\hat{a}^2|n\rangle = \sqrt{n}\,\langle n|\hat{a}|n-1\rangle = \sqrt{n(n-1)}\,\langle n|n-2\rangle = 0,$$
$$\langle n|\hat{a}^\dagger\hat{a}|n\rangle = \sqrt{n}\,\langle n|\hat{a}^\dagger|n-1\rangle = n\langle n|n\rangle = n, \tag{19.84}$$
$$\langle n|1|n\rangle = 1$$

なので,

$$\langle n|\hat{x}^2|n\rangle = \frac{\hbar}{2m\omega}(2n+1), \quad \langle n|\hat{P}^2|n\rangle = \frac{m\hbar\omega}{2}(2n+1) \tag{19.85}$$

となる. 不確定性は以下のように求めることができる.

$$\Delta x = \sqrt{\langle \hat{x}^2\rangle - \langle \hat{x}\rangle^2} = \sqrt{\langle \hat{x}^2\rangle} = \sqrt{\frac{\hbar}{2m\omega}(2n+1)},$$
$$\Delta P = \sqrt{\langle \hat{P}^2\rangle - \langle \hat{P}\rangle^2} = \sqrt{\langle \hat{P}^2\rangle} = \sqrt{\frac{m\hbar\omega}{2}(2n+1)}, \tag{19.86}$$
$$\Delta x \Delta P = \frac{1}{2}\hbar(2n+1) = \hbar\left(n+\frac{1}{2}\right)$$

$n=0$ の零点振動のときに,$\Delta x \Delta P = \hbar/2$ が成立し**最小不確定状態**(minimum uncertainty state)が実現している. すなわち,量子力学的な調和振動子では,位置および運動量を確定させる古典的な調和振動子の基底状態をとることはできず零点振動していると解釈できる. それ以外の振動励起状態では $\Delta x \Delta P \geq \hbar/2$ が成立している. 水素を重水素に変えると,質量が倍になり零点振動のエネルギーも下がる. これは金属中の水素の溶解度や拡散係数の同位体効果として実験で測定されている.

3次元の調和振動子への拡張も,箱の場合と同じように取り扱うことができる.

19.1 sin 関数をオイラーの式 $e^{\pm ix} = \cos x \pm i\sin x$ を使って表し，式(19.18)を証明しなさい.

$$\langle \psi_n | \psi_m \rangle = \frac{2}{a}\int_0^a \sin\left(\frac{n\pi}{a}x\right)\sin\left(\frac{m\pi}{a}x\right)\mathrm{d}x = \begin{cases} 1, & n = m \\ 0 & n \neq m \end{cases}$$

ヒント

$$\sin\left(\frac{n\pi}{a}x\right) = \frac{1}{2i}(e^{i\frac{n\pi}{a}x} - e^{-i\frac{n\pi}{a}x})$$

$$\sin\left(\frac{n\pi}{a}x\right)\sin\left(\frac{m\pi}{a}x\right) = -\frac{1}{4}(e^{i\frac{n\pi}{a}x} - e^{-i\frac{n\pi}{a}x})(e^{i\frac{m\pi}{a}x} - e^{-i\frac{m\pi}{a}x})$$

$$= -\frac{1}{4}(e^{i\frac{(n+m)\pi}{a}x} - e^{i\frac{(n-m)\pi}{a}x} - e^{-i\frac{(n-m)\pi}{a}x} + e^{-i\frac{(n+m)\pi}{a}x})$$

$$= -\frac{1}{2}\left(\cos\left(\frac{n+m}{a}\pi x\right) - \cos\left(\frac{n-m}{a}\pi x\right)\right)$$

$$\sin\left(\frac{n\pi}{a}x\right)\sin\left(\frac{m\pi}{a}x\right) = -\frac{1}{2}\left(\cos\left(\frac{2n}{a}\pi x\right) - 1\right)$$

$$-\frac{1}{2}\int_0^a\left(\cos\left(\frac{2n}{a}\pi x\right) - 1\right)\mathrm{d}x = \frac{a}{4n\pi}\left[\sin\left(\frac{2n}{a}\pi x\right)\right]_0^a + \frac{1}{2}[x]_0^a = \frac{a}{2}$$

$$\sin\left(\frac{n\pi}{a}x\right)\sin\left(\frac{m\pi}{a}x\right) = -\frac{1}{2}\left(\cos\left(\frac{n+m}{a}\pi x\right) - \cos\left(\frac{n-m}{a}\pi x\right)\right)$$

$$-\frac{1}{2}\int_0^a\left(\cos\left(\frac{n+m}{a}\pi x\right) - \cos\left(\frac{n-m}{a}\pi x\right)\right)\mathrm{d}x$$

$$= -\frac{1}{2}\left[\frac{a}{(n+m)\pi}\sin\left(\frac{n+m}{a}\pi x\right)\right]_0^a + \frac{1}{2}\left[\frac{a}{(n-m)\pi}\sin\left(\frac{n-m}{a}\pi x\right)\right]_0^a = 0$$

19.2 オイラーの式 $e^{\pm ix} = \cos x \pm i\sin x$ を使って，式(19.21)，(19.22)，(19.25)の積分を導くときに使った以下の式を証明しなさい. ただし，$(fg)' = f'g + fg'$，$\int f'g = fg - \int fg'$ で示される部分積分を使いなさい.

1) $x\sin^2(kx)$

2) $x^2\sin^2(kx)$

3) $\int x^2\sin^2(kx)\mathrm{d}x$

4) $\int_0^a \sin(k_n x)\cos(k_n x)\mathrm{d}x$

19.3 式(19.36)から式(19.42)を導きなさい.

19.4 図19.8のCdTeナノ粒子の蛍光の色の違いを定性的に説明しなさい.

19.5 図1のような1次元の井戸型ポテンシャルについて波動関数を解いて，井戸の中にある束縛状態を議論しなさい. ポテンシャルは以下である. **Web** 19–1 を参照のこと.

$$V(x) = \begin{cases} V_0, & x < -a \\ 0, & -a < x < +a \\ V_0, & x > +a \end{cases}$$

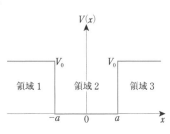

図1 1次元の井戸型ポテンシャル

19.6 式(19.50)から式(19.52)を導きなさい.

19.7 式(19.56)から式(19.62)を導きなさい.

19.8 図2のデータは1982年にSTMの開発者であるゲルト・ビーニッヒ(IBMチューリッヒ研究所)らが報告した白金表面にタングステンチップを近づけていったときの電流の変化である. ここで, 縦軸は電流の自然対数, 横軸はチップの移動距離である. いま, $\ln I$ は $\ln T$ で表されるとして, 式(19.64)と図中に示した2つの直線の傾きを使って, V_0 を eV 単位で求めなさい. なお, すべて SI 単位系で計算し, 最後に J を eV に変換するとよい. ちなみに, ビーニッヒらはより詳細な理論(式(19.64)で求めた障壁の半分となる)を用いて, 障壁の高さは3.2 eV と見積もっている.

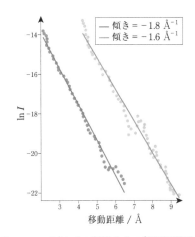

図2　STMのトンネル電流のチップ移動距離依存性
G. Binnig, H. Rohrer, Ch. Gerber, and E. Weibel, *Appl. Phys. Lett.* **40**, 178(1982)の Fig.2 のデータより著者が再プロットした.

19.9 式(19.68)から式(19.76)を導きなさい.

19.10 式(19.77)から式(19.86)を導きなさい.

19.11 水素分子 H_2, 重水素分子 D_2, 三重水素分子 T_2 の分子振動を調和振動子とみなせるとする. それぞれの分子は原子核の質量だけが変わっただけであり, その化学的な性質(例えば, 結合の強さを表すばね定数)は等しい. 以下の問1~4に答えなさい.

問1 水素分子 H_2, 重水素分子 D_2, 三重水素分子 T_2 で振動のポテンシャルに変化はあるのか.

問2 水素分子 H_2 の角振動数は $\omega = 8.289 \times 10^{14}\ s^{-1}$, 換算質量は $\mu = m_H/2 = 8.363 \times 10^{-28}\ kg$ である. $\omega = [k/\mu]^{1/2}$ を使って, 重水素分子 D_2, 三重水素分子 T_2 の角振動数を求めなさい. ここで, $m_D = 2m_H$, $m_T = 3m_H$ とする.

問3 水素分子 H_2, 重水素分子 D_2, 三重水素分子 T_2 すべてのエネルギー固有値で位置および運動量の期待値はゼロとなるのか.

問4 水素分子 H_2, 重水素分子 D_2, 三重水素分子 T_2 の位置の広がり Δx, 運動量の広がり Δp, その不確定性 $\Delta x \Delta p$ はどうなるのか.

水素原子

第20章

量子を直感的に理解することなど絶対にできません.
ならば, 量子を理解したければどうしたらよいか？ ここまでくれば答えは1つです.
腑に落ちるまで正しい経験を積むべし. これに尽きます.

松浦壮, https://gendai.media/articles/-/73075?page=4

化学は物質を扱う学問であり, 物質を構成する最小単位は原子である. 原子の最も簡単な系は, 1つの電子と原子核をなす陽子との強い静電相互作用が働く系である. 電子が高速で回転する遠心力と静電相互作用がバランスすることではない量子の世界にようこそ！

20.1 球対称ポテンシャルでのシュレーディンガー方程式

これまでの3次元系(箱の中, 調和振動子)では, 1次元座標xを3次元直交座標x, y, zに拡張するだけで容易に波動方程式を拡張することができた. 水素原子の場合, 正電荷をもつ原子核と電子間の相互作用は, 距離に反比例した3次元ポテンシャルをもつ[注1]. さらに, 回転運動も伴い角運動量を考慮する必要があるので, 直交座標x, y, zではなく, 系の対称性を最大に反映する球座標r, θ, ϕで表したほうがはるかによい.

注1) 原子核と電子1個の相互作用を考える水素原子型.

3次元のシュレーディンガー方程式をまず以下のように変形する.

$$\left[-\frac{\hbar^2}{2m}\left(\frac{\partial^2}{\partial x^2}+\frac{\partial^2}{\partial y^2}+\frac{\partial^2}{\partial z^2}\right)+V(x,y,z)\right]\psi_i(x,y,z)=E_i\psi_i(x,y,z)$$

$$\Rightarrow\left(-\frac{\hbar^2}{2m}\nabla^2+V(\mathbf{r})\right)\psi_i(\mathbf{r})=E_i\psi_i(\mathbf{r})$$

(20.1)

注2) $\nabla^2=\frac{\partial^2}{\partial x^2}+\frac{\partial^2}{\partial y^2}+\frac{\partial^2}{\partial z^2}$

注3) Web 20-2, 20-3, 20-4を参照.

ここで, ラプラシアン∇^2を球座標に変換する[注2]. この方法は数学的にテクニカルな問題であるので, Web[注3]を参照してほしい(演習問題20.1). ポテンシャルは$\mathbf{r}$にのみ依存するとし変数変換を行うと,

$$\left[-\frac{\hbar^2}{2m}\left\{\frac{1}{r^2}\frac{\partial}{\partial r}\left(r^2\frac{\partial}{\partial r}\right)+\frac{1}{r^2\sin\theta}\frac{\partial}{\partial\theta}\left(\sin\theta\frac{\partial}{\partial\theta}\right)+\frac{1}{r^2\sin^2\theta}\left(\frac{\partial^2}{\partial\phi^2}\right)\right\}\right.$$

$$\left.+V(r)\right]\psi_i(r,\theta,\phi)=E_i\psi_i(r,\theta,\phi)$$

(20.2)

となる. ここで, r, θ, ϕの定義は**図20.1**のとおりである. ベクトル$\mathbf{r}$の長さがrで, z軸とベクトル$\mathbf{r}$のなす角がθで, ベクトル$\mathbf{r}$のxy面への射影とx軸のなす角がϕである.

18章で角運動量について簡単に述べた. 球座標でのラプラシアンのうちθ, ϕに依存する項が角運動量とどのような関係にあるかについても, 数学的にテクニカルなことが多いので Web 20-1 に記述した. 式(20.2)は角運動

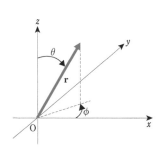

図20.1 球座標

量演算子の二乗 $\hat{\vec{L}}^2$ を使って，以下のように書くことができる．

$$\left[-\frac{\hbar^2}{2m}\left\{\frac{1}{r^2}\frac{\partial}{\partial r}\left(r^2\frac{\partial}{\partial r}\right)-\frac{1}{\hbar^2 r^2}\vec{L}^2\right\}+V(r)\right]\psi_i(r,\theta,\phi)=E_i\psi_i(r,\theta,\phi),$$

(20.3)

$$\hat{\vec{L}}^2=-\hbar^2\left[\frac{1}{\sin\theta}\frac{\partial}{\partial\theta}\left(\sin\theta\frac{\partial}{\partial\theta}\right)+\frac{1}{\sin^2\theta}\left(\frac{\partial^2}{\partial\phi^2}\right)\right]$$

次に角運動量の固有値・固有関数について考えよう．18章で，$\hat{\vec{L}}^2$ と $\hat{L}_z$ は交換可能であることを示したように，不確定性がないために，$\hat{\vec{L}}^2$ と $\hat{L}_z$ は同時に確定した固有値と固有関数をもつことができる．球座標系の角運動量の一般論については，やはりテクニカルな面が強いので Web 20-1 に記述した．ここでは，結果のみを書くと

$$\hat{\vec{L}}^2|l,m\rangle=\hbar^2 l(l+1)|l,m\rangle$$

(20.4a)

$$\hat{L}_z|l,m\rangle=\hbar m|l,m\rangle$$

(20.4b)

$$\hat{L}_\pm|l,m\rangle=\left(\hat{L}_x\pm i\hat{L}_y\right)|l,m\rangle=\hbar\sqrt{l(l+1)-m(m\pm1)}|l,m\pm1\rangle$$

(20.4c)

$$\hat{L}_z=-i\hbar\frac{\partial}{\partial\phi}$$

(20.4d)

$$\hat{\vec{L}}^2=-\hbar^2\left[\frac{1}{\sin\theta}\frac{\partial}{\partial\theta}\left(\sin\theta\frac{\partial}{\partial\theta}\right)+\frac{1}{\sin^2\theta}\left(\frac{\partial^2}{\partial\phi^2}\right)\right]$$

(20.4e)

$$\hat{L}_\pm=\hat{L}_x\pm i\hat{L}_y=\pm\hbar e^{\pm i\phi}\left[\frac{\partial}{\partial\theta}\pm i\frac{\cos\theta}{\sin\theta}\frac{\partial}{\partial\phi}\right]$$

(20.4f)

となり，状態関数 $|l,m\rangle$ の θ,ϕ による表示を $\langle\theta,\phi|l,m\rangle=Y_{l,m}(\theta,\phi)$ とすると，

$$\hat{\vec{L}}^2 Y_{l,m}(\theta,\phi)=\hbar^2 l(l+1)Y_{l,m}(\theta,\phi)$$

(20.5a)

$$\hat{L}_z Y_{l,m}(\theta,\phi)=\hbar m Y_{l,m}(\theta,\phi)$$

(20.5b)

$$\hat{L}_\pm Y_{l,m}(\theta,\phi)=\hbar\sqrt{l(l+1)-m(m\pm1)}Y_{l,m\pm1}(\theta,\phi)$$

(20.5c)

となる．

20.2　角運動量の z 成分 $\hat{L}_z$ の固有関数

$\hat{L}_z$ は ϕ だけの関数であるので，変数分離ができ

$$Y_{l,m}(\theta,\phi)=\Theta_{l,m}(\theta)\Phi_m(\phi)$$

(20.6)

と書ける．式(20.5b)を以下のように変形する．

$$\hat{L}_z Y_{l,m}(\theta,\phi)=\hbar m Y_{l,m}(\theta,\phi)$$

$$-i\hbar\frac{\partial}{\partial\phi}Y_{l,m}(\theta,\phi)=\hbar m Y_{l,m}(\theta,\phi)$$

$$-i\hbar\Theta_{l,m}(\theta)\frac{\partial}{\partial\phi}\Phi_m(\phi)=\hbar m\Theta_{l,m}(\theta)\Phi_m(\phi)$$

(20.7)

$$\frac{\partial}{\partial\phi}\Phi_m(\phi)=im\Phi_m(\phi)$$

ここで, $\Phi_m(\phi)$ は固有関数となる.

最後の式から $e^{im\phi}$ というような解が得られ, 規格化から規格化定数 A が決まる.

$$\Phi_m(\phi) = A e^{im\phi} \tag{20.8a}$$

規格化は,

$$\int_0^{2\pi} \Phi_{m'}^*(\phi)\Phi_m(\phi)\mathrm{d}\phi = A^* A \int_0^{2\pi} e^{-i(m'-m)\phi}\mathrm{d}\phi = 2\pi A^* A \delta_{m',m} = 1 \tag{20.8b}$$

$$A = A^* = \frac{1}{\sqrt{2\pi}}$$

したがって,

$$\Phi_m(\phi) = \frac{1}{\sqrt{2\pi}} e^{im\phi} \tag{20.8c}$$

となる.

20.3　角運動量の2乗 $\hat{L}^2$ の固有関数

式(20.5a)を式(20.4e)と式(20.6)と式(20.8c)を用いて変形した以下の式から始めよう.

$$\hat{L}^2 Y_{l,m}(\theta,\phi)$$
$$= -\frac{\hbar^2}{\sqrt{2\pi}}\left[\frac{1}{\sin\theta}\frac{\partial}{\partial\theta}\left(\sin\theta\frac{\partial}{\partial\theta}\right) + \frac{1}{\sin^2\theta}\left(\frac{\partial^2}{\partial\phi^2}\right)\right]\Theta_{l,m}(\theta)e^{im\phi} \tag{20.9}$$
$$= \frac{\hbar^2 l(l+1)}{\sqrt{2\pi}}\Theta_{l,m}(\theta)e^{im\phi}$$

$\Theta_{l,m}(\theta)e^{im\phi}$ に微分を作用させて整理すると

$$\frac{1}{\sin\theta}\frac{\mathrm{d}}{\mathrm{d}\theta}\left[\sin\theta\frac{\mathrm{d}\Theta_{l,m}(\theta)}{\mathrm{d}\theta}\right] + \left[l(l+1) - \frac{m^2}{\sin^2\theta}\right]\Theta_{l,m}(\theta) = 0 \tag{20.10}$$

となる. この微分方程式は, $X = \cos\theta$ とすると

$$\frac{\mathrm{d}}{\mathrm{d}\theta} = \frac{\mathrm{d}X}{\mathrm{d}\theta}\frac{\mathrm{d}}{\mathrm{d}X} = -\sin\theta\frac{\mathrm{d}}{\mathrm{d}X}, \quad \frac{1}{\sin\theta}\frac{\mathrm{d}}{\mathrm{d}\theta} = -\frac{\mathrm{d}}{\mathrm{d}X}, \quad \Theta_{l,m}(\theta) = P(X)$$

$$-\frac{\mathrm{d}}{\mathrm{d}X}\left[\underset{X^2-1}{-\sin^2\theta}\frac{\mathrm{d}}{\mathrm{d}X}P(X)\right] + \left[l(l+1) - \frac{m^2}{1-X^2}\right]P(X) = 0 \tag{20.11}$$

$$(1-X^2)\frac{\mathrm{d}^2 P}{\mathrm{d}X^2} - 2X\frac{\mathrm{d}P}{\mathrm{d}X} + \left[l(l+1) - \frac{m^2}{1-X^2}\right]P(X) = 0$$

となる. ここで, $l = 0, 1, 2, \cdots$ および $m = 0, \pm 1, \pm 2, \cdots, \pm l$ である. この方程式は**ルジャンドル**(Legendre)**微分方程式**といわれる. その解については, *Mathematical Methods for Physicists, 7th Edition*, G. B. Arfken, H. J. Weber, F. E. Harris, Academic Press(2012)の 15 章で 60 ページ近くを使って詳しく述べられているので, ここでは重要なところのみを証明なしで述べる.

ルジャンドル微分方程式で $m = 0$ の場合, 解 $P_l(X)$ は**ルジャンドル多項式**

と呼ばれる直交関数で表される．その解は

$$P_0(X)=1,\; P_1(X)=X,\; P_2(X)=\frac{1}{2}(3X^2-1),\; P_3(X)=\frac{1}{2}(5X^3-3X),$$

$$P_4(X)=\frac{1}{8}(35X^4-30X^2+3),\; P_5(X)=\frac{1}{8}(63X^5-70X^3+15X),\;...,$$

$$P_l(X)=\frac{1}{2^l\,l!}\frac{\mathrm{d}^l}{\mathrm{d}X^l}(X^2-1)^l \tag{20.12}$$

となる．直交関数という意味は，$-1\leq X(=\cos\phi)\leq 1$ の範囲で

$$\int_{-1}^{1}P_l(X)P_{l'}(X)\mathrm{d}X=\int_0^{\pi}P_l(\cos\theta)P_{l'}(\cos\theta)\sin\theta\,\mathrm{d}\theta=\frac{2}{2l+1}\delta_{l,l'} \tag{20.13}$$

となることにある．$m\neq 0$ の場合のルジャンドル微分方程式の解は，**ルジャンドル陪関数** $P_l^m(X)$ で与えられる．$P_l^m(X)$ はルジャンドル多項式を使って，以下のように与えられる．

$$P_0^0(X)=1,$$

$$P_1^0(X)=X=\cos\theta,\; P_1^1(X)=(1-X^2)^{1/2}=\sin\theta,$$

$$P_2^0(X)=\frac{1}{2}(3X^2-1)=\frac{1}{2}(3\cos^2\theta-1),$$

$$P_2^1(X)=3X(1-X^2)^{1/2}=3\cos\theta\sin\theta,$$

$$P_2^2(X)=3(1-X^2)=3\sin^2\theta,$$

$$P_3^0(X)=\frac{1}{2}(5X^3-3X)=\frac{1}{2}(5\cos^3\theta-3\cos\theta), \tag{20.14}$$

$$P_3^1(X)=\frac{3}{2}(5X^2-1)(1-X^2)^{1/2}=\frac{3}{2}(5\cos^2\theta-1)\sin\theta,$$

$$P_3^2(X)=15X(1-X^2)=15\cos\theta\sin^2\theta,$$

$$P_3^3(X)=15(1-X^2)^{3/2}=15\sin^3\theta,...,$$

$$P_l^m(X)=(1-X^2)^{|m|/2}\frac{\mathrm{d}^{|m|}}{\mathrm{d}X^{|m|}}P_l(X),$$

$$P_l^{-m}(X)=P_l^m(X)$$

その直交関係は，

$$\int_{-1}^{1}P_l^m(X)P_{l'}^m(X)\mathrm{d}X=\int_0^{\pi}P_l^m(\cos\theta)P_{l'}^m(\cos\theta)\sin\theta\,\mathrm{d}\theta$$
$$=\frac{2}{2l+1}\frac{(l+m)!}{(l-m)!}\delta_{l,l'} \tag{20.15}$$

となる．$\Theta_{l,m}(\theta)=P(X)$，$\Phi_m=(2\pi)^{-1/2}\exp(im\phi)$ と式(20.15)より，規格化された $Y_{l,m}(\theta,\phi)$ は以下のように与えられる．

$$Y_{l,m}(\theta,\phi)=(-1)^{\frac{m+|m|}{2}}\sqrt{\frac{2l+1}{4\pi}\frac{(l-|m|)!}{(l+|m|)!}}\,P_l^{|m|}(\cos\theta)e^{im\phi} \tag{20.16}$$

また，$Y_{l,m}(\theta,\phi)$ の規格直交化は，

$$\int_0^{\pi}\mathrm{d}\theta\sin\theta\int_0^{2\pi}\mathrm{d}\phi\big[Y_{l',m'}(\theta,\phi)\big]^*Y_{l,m}(\theta,\phi)=\delta_{l',l}\delta_{m',m} \tag{20.17}$$

となる．ここで，$Y_{l,m}(\theta,\phi)$ を**球面調和関数**と呼ぶ．代表的な球面調和関数の

具体的な形を以下に示す．また，数値積分の際に用いるための直交座標での表示もここに示す．

$$Y_{0,0}(\theta,\phi) = \frac{1}{\sqrt{4\pi}}, \; Y_{0,0}(x,y,z) = \frac{1}{\sqrt{4\pi}}$$

$$Y_{1,0}(\theta,\phi) = \sqrt{\frac{3}{4\pi}}\cos\theta, \; Y_{1,0}(x,y,z) = \sqrt{\frac{3}{4\pi}}\frac{z}{r}$$

$$Y_{1,\pm1}(\theta,\phi) = \sqrt{\frac{3}{8\pi}}\sin\theta e^{\pm i\phi}, \; Y_{1,\pm1}(x,y,z) = \mp\sqrt{\frac{3}{8\pi}}\frac{x\pm iy}{r}$$

$$Y_{2,0}(\theta,\phi) = \sqrt{\frac{5}{16\pi}}(3\cos^2\theta-1), \; Y_{2,0}(x,y,z) = \sqrt{\frac{5}{16\pi}}\frac{3z^2-r^2}{r^2}$$

$$Y_{2,\pm1}(\theta,\phi) = \sqrt{\frac{15}{8\pi}}\sin\theta\cos\theta e^{\pm i\phi}, \; Y_{2,\pm1}(x,y,z) = \mp\sqrt{\frac{15}{8\pi}}\frac{(x\pm iy)z}{r^2}$$

$$Y_{2,\pm2}(\theta,\phi) = \sqrt{\frac{15}{32\pi}}\sin^2\theta e^{\pm 2i\phi}, \; Y_{2,\pm2}(x,y,z) = \sqrt{\frac{15}{32\pi}}\frac{(x^2-y^2\pm 2ixy)}{r^2}$$

(20.18)

ここで，次の関係式

$$\cos\theta = z/r, \sin\theta\cos\phi = x/r, \sin\theta\sin\phi = y/r,$$
$$(x\pm iy)/r = \sin\theta(\cos\phi\pm i\sin\phi) = \sin\theta e^{\pm i\phi}$$

を用いた．上で示した球面調和関数には複素数を含むので，その線形結合を作って実数の球面調和関数を作ると，計算が便利になることもある(注4)．

20.4　動径方向に対する固有値・固有関数

　球対称ポテンシャルをもつ場合のシュレーディンガー方程式を，いま一度書き下し，式(20.9)で求めた球面調和関数の固有値を入れて，シュレーディンガー方程式を動径方向 r だけの動径関数 $R(r)$ の微分方程式で表し，固有値と固有関数を求めよう．

$$\left[-\frac{\hbar^2}{2m}\left\{\frac{1}{r^2}\frac{\partial}{\partial r}\left(r^2\frac{\partial}{\partial r}\right)-\frac{1}{\hbar^2 r^2}\hat{L}^2\right\}+V(r)\right]R_{nl}(r)Y_{l,m}(\theta,\phi)$$
$$= ER_{nl}(r)Y_{l,m}(\theta,\phi)$$

(20.19a)

$$\left[-\frac{\hbar^2}{2m}\left\{\frac{1}{r^2}\frac{\partial}{\partial r}\left(r^2\frac{\partial}{\partial r}\right)\right\}+V(r)\right]R_{nl}(r)Y_{l,m}(\theta,\phi)+\frac{R_{nl}(r)}{2mr^2}\hat{L}^2 Y_{l,m}(\theta,\phi)$$
$$= ER_{nl}(r)Y_{l,m}(\theta,\phi)$$

(20.19b)

$$-\hbar^2\frac{1}{R_{nl}(r)}\left\{\frac{\partial}{\partial r}\left(r^2\frac{\partial}{\partial r}\right)\right\}R_{nl}(r)+2mr^2(V(r)-E)$$
$$+\frac{\hat{L}^2 Y_{l,m}(\theta,\phi)}{Y_{l,m}(\theta,\phi)} = 0$$

(20.19c)

$$\left\{\frac{\partial}{\partial r}\left(r^2\frac{\partial}{\partial r}\right)\right\}R_{nl}(r) = \left[2r\frac{\partial}{\partial r}+r^2\frac{\partial}{\partial r^2}\right]R_{nl}(r) = r\frac{\partial}{\partial r^2}(rR_{nl})$$
$$= r\frac{\partial}{\partial r}(R_{nl}+r\frac{\partial}{\partial r}R_{nl}) = 2r\frac{\partial R_{nl}}{\partial r}+r^2\frac{\partial R_{nl}}{\partial r}$$

(20.19d)

$$\left[-\hbar^2 \frac{r}{R_{nl}(r)} \frac{\partial^2}{\partial r^2}(rR_{nl}) + 2mr^2(V(r)-E)\right] + \left[\underbrace{\frac{\hat{L}^2 Y_{l,m}(\theta,\phi)}{Y_{l,m}(\theta,\phi)}}_{=\hbar^2 l(l+1)}\right] = 0 \quad (20.19\mathrm{e})$$

$$-\frac{\hbar^2}{2m}\frac{d^2}{dr^2}[rR_{nl}(r)] + \left[V(r) + \frac{l(l+1)\hbar^2}{2mr^2}\right][rR_{nl}(r)] = E_{n,l}[rR_{nl}(r)]$$
$$(20.19\mathrm{f})$$

ここで，$l(l+1)\hbar^2/(2mr^2)$ は**遠心力ポテンシャル**と呼ばれる[注5]．

次に，$+Ze$ の電荷をもつ原子核[注6]と電荷 $-e$ をもつ電子の静電相互作用ポテンシャル $V(r)$ は，

$$V(r) = -\frac{Ze^2}{4\pi\varepsilon_0 r} \quad (20.22)$$

である．ここで，ε_0 は電気定数(真空の誘電率，$8.8541878128\times10^{-12}\,\mathrm{F\,m^{-1}}$)である．ファラッド F は $\mathrm{C\,V^{-1}}$ なので，ポテンシャルの単位は，$\dfrac{\mathrm{C}^2}{\mathrm{C\,V^{-1}\,m^{-1}\,m}}$

$=\mathrm{C\,V}=\mathrm{J}$ となり，エネルギーとなる．

$rR_{nl}(r) = U_{nl}(r)$ とすると，動径部分のシュレーディンガー方程式は

$$-\frac{\hbar^2}{2m}\frac{d^2 U_{nl}(r)}{dr^2} + \left[-\frac{Ze^2}{4\pi\varepsilon_0 r} + \frac{l(l+1)\hbar^2}{2mr^2}\right]U_{nl}(r) = EU_{nl}(r) \quad (20.23)$$

となる[注7]．r が非常に小さいときは，

$$\frac{1}{r^2} \gg \frac{1}{r} \gg 1, \quad \frac{d^2 U_{nl}(r)}{dr^2} = \frac{l(l+1)}{r^2}U_{nl}(r), \quad U_{nl}(r) \simeq r^{l+1} \quad (20.24)$$

と書ける．また r が非常に大きいときは，

$$\frac{1}{r^2} \ll \frac{1}{r} \ll 1, \quad \frac{d^2 U_{nl}(r)}{dr^2} = -\frac{2mE}{\hbar^2}U_{nl}(r), \quad U_{nl}(r) \simeq e^{-\lambda r}, \quad \lambda = \frac{\sqrt{2m(-E)}}{\hbar}r^{l+1}$$
$$(20.25)$$

と与えられるので，一般に

$$U(r) = r^{l+1} f(r) e^{-\lambda r} \quad (20.26)$$

と書ける[注8]．この関数形を使って動径部分の $f(r)$ に対する方程式は，

[注5] 量子力学での角運動量の二乗の固有値と，古典力学での角運動量の二乗との関係から $l(l+1)\hbar^2/(2mr^2) \Leftrightarrow L^2/(2mr^2)$ と対応がつく．古典的な遠心力は $mr\omega^2$ で与えられ，角運動量は $L = mr^2\omega$ で与えられる．したがって，

$$mr\omega^2 = \frac{L^2}{mr^3} \quad (20.20)$$

となる．力はポテンシャルを微分したものにマイナス符号をつけたものになる．角運動量を一定とし，無限遠からある距離まで移動させると

$$F(r) = -\frac{dV}{dr}, \quad \int_\infty^r F(r')dr' = -\int_\infty^r \frac{dV}{dr'}dr'$$
$$= -[V(r)-V(\infty)]$$
$$V(r) - \underbrace{V(\infty)}_0 = -\int_\infty^r F(r')dr' = \int_r^\infty F(r')dr'$$
$$V(r) = \int_r^\infty \frac{L^2}{m(r')^3}dr' = \frac{L^2}{m}\left[-\frac{1}{2}(r')^{-2}\right]_r^\infty$$
$$= \frac{L^2}{2mr^2}$$
$$(20.21)$$

となり，$l(l+1)\hbar^2/(2mr^2)$ が遠心力ポテンシャルと呼ばれることが理解できる．

[注6] 水素の場合は $Z=1$ で，e は電気素量 $1.602176634\times10^{-19}\,\mathrm{C}$ である．

[注7] エネルギー固有値の添え字を外した．

[注8] 波動関数 $U_{nl}(r)$ の添え字をいったん外した．

コラム20.1　SI単位系での質量の新定義

式(20.30)は，2019年10月からの1 kgの新定義で，プランク定数とアボガドロ数の関係を求めるときに使われている．プランク定数とアボガドロ数の積は，微細構造定数[注9]とリュードベリ定数[注10]，光速 c，プロトンと電子の質量の比，プロトンのモル質量で与えられる．したがって，アボガドロ数が求められればプランク定数が求められ，プランク定数が求められればアボガドロ数が求められる[注11]．

[注9] 電子の異常磁気モーメントから12桁の精度で測定されている．

[注10] $n^2 E_n/(hc)$ で与えられ，原子のスペクトルから12桁の精度で求められている．

[注11] 詳しくは，S. Schlamminger, Redefining the Kilogram and Other SI units, IOP Publishing (2018) および山本雅博，*Review of Polarography*, **64** (2)，2018，編集後記にある．

$$\frac{d^2 f(r)}{dr^2} + 2\left(\frac{l+1}{r} - \lambda\right)\frac{df(r)}{dr} + 2\left[\frac{-\lambda(l+1) + mZe^2/(4\pi\varepsilon_0\hbar^2)}{r}\right]f(r) = 0$$

$$(20.27)$$

と変形される. f を以下のような多項式で展開すると,

$$f(r) \equiv \sum_{k=0}^{\infty} b_k r^k$$

となり, この係数には以下のような関係が得られる.

$$\sum_{k=0}^{\infty}\left[k(k+2l+1)b_k r^{k-2} + 2\left\{-\lambda(k+l+1) + \frac{mZe^2}{4\pi\varepsilon_0\hbar^2}\right\}b_k r^{k-1}\right] = 0$$

$$(20.28)$$

$$k(k+2l+1)b_k = 2\left[\lambda(k+l) - \frac{mZe^2}{4\pi\varepsilon_0\hbar^2}\right]b_{k-1}$$

式 (20.28) の展開で k を ∞ ではなく, ある有限の項 N までとって $N+1$ 以上の項は 0 として物理的に意味のある解を得ようとする近似がよく使われる. すなわち, $b_{N+1} = 0$ とすると, b_N の係数は 0 となり,

$$\lambda(N+l+1) - \frac{mZe^2}{4\pi\varepsilon_0\hbar^2} = 0$$

$$(20.29)$$

となる. $n = N+l+1$ と定義して, λ をエネルギー固有値 E_n で表すと,

$$\frac{\sqrt{2m(-E_n)}}{\hbar}n = \frac{mZe^2}{4\pi\varepsilon_0\hbar^2}$$

$$E_n = -\frac{mZ^2e^4}{2(4\pi\varepsilon_0)^2\hbar^2}\frac{1}{n^2} = -\frac{mZ^2e^4}{8\varepsilon_0^2h^2}\frac{1}{n^2}$$

$$(20.30)$$

となる. これは前期量子論でボーアが求めた式 (17.17) と一致する ($Z = 1$).

ρ を以下のように定義して,

$$\rho = 2\lambda r = 2\frac{\sqrt{2m(-E)}}{\hbar}r, \ d\rho = 2\lambda dr, \ \lambda n = \frac{mZe^2}{4\pi\varepsilon_0\hbar^2}$$

$$(20.31)$$

となり, 動径部分の微分方程式 (20.27) を変形すると,

$$\rho\frac{d^2 g(\rho)}{d\rho^2} + [(2l+1) + 1 - \rho]\frac{dg(\rho)}{d\rho} + [(n+l) - (2l+1)]g(\rho) = 0$$

となり, これは以下の**ラゲールの陪多項式**が満たす微分方程式に等価である (注12). ラゲールの陪多項式 $L_k^N(r)$ は, ラゲールの多項式 $L_k(r)$ から以下のように定義され,

注12) 数学書に書いてあるラゲールの微分方程式とは異なることに注意！ 詳しい導入は, よくわかる量子力学, 前野昌弘, 東京図書 (2011) を参照.

$$L_k^N(r) \equiv \frac{d^N}{dr^N}L_k(r)$$

$$L_k(r) \equiv e^r\frac{d^k}{dr^k}\left(r^k e^{-r}\right)$$

$$(20.32)$$

その微分方程式は

$$r\frac{d^2 L_k(r)}{dr^2} + (1-r)\frac{dL_k(r)}{dr} + kL_k(r) = 0$$

$$r\frac{d^2 L_k^N(r)}{dr^2} + (N+1-r)\frac{dL_k^N(r)}{dr} + (k-N)L_k^N(r) = 0$$

$$(20.33)$$

となる．$N \Rightarrow 2l+1$, $k \Rightarrow n+l$ とすれば，式(20.33)の最後の式は式(20.31)の最後の式を満たすので，$L_{n+l}^{2l+1}(2\lambda r)$ が解となる．ただし，ラゲールの陪多項式の性質により，$n-l-1 \geq 0$ の条件がつく．また，l は負にはならないので，

$$0 \leq l \leq n-1, \quad n = 1, 2, 3, \ldots \tag{20.34}$$

となる．ラゲールの多項式 $L_k(r)$ のいくつかの具体的な形を以下に示す．

$$L_0 = 1, \ L_1 = 1-r, \ L_2 = 2-4r+r^2, \ L_3 = 6-18r+9r^2-r^3,$$
$$L_4 = 24-96r+72r^2-16r^3+r^4, \tag{20.35}$$
$$L_5 = 120-600r+600r^2-200r^3+25r^4-r^5$$

ラゲールの陪多項式 $L_{n+l}^{2l+1}(r)$ は，以下のように与えられる．

$$
\begin{aligned}
n=1, \quad l=0, \quad & L_1^1(r) = -1 \\
n=2, \quad l=0, \quad & L_2^1(r) = -4+2r \\
l=1, \quad & L_3^3(r) = -6 \\
n=3, \quad l=0, \quad & L_3^1(r) = -18+18r-3r^2 \\
l=1, \quad & L_4^3(r) = -96+24r \\
l=2, \quad & L_5^5(r) = -120 \\
n=4, \quad l=0, \quad & L_4^1(r) = -96+144r-48r^2+4r^3 \\
l=1, \quad & L_5^3(r) = -1200+600r-60r^2 \\
l=2, \quad & L_6^5(r) = -4320+720r \\
l=3, \quad & L_7^7(r) = -5040
\end{aligned}
\tag{20.36}
$$

式(20.31)を用いて，以下のようにボーア半径 a_0 を定義する．

$$\lambda n = \frac{mZe^2}{4\pi\varepsilon_0\hbar^2} \equiv \frac{Z}{a_0} \tag{20.37}$$

エネルギー固有値は式(20.30)より

$$E_n = -\frac{mZ^2e^4}{2(4\pi\varepsilon_0)^2\hbar^2}\frac{1}{n^2} = -\frac{Ze^2}{8\pi\varepsilon_0 a_0}\frac{1}{n^2} \tag{20.38}$$

となり，式(17.12)の古典論の式で $Z=1$，$n=1$，$r=a_0$ とした場合と一致する．元の動径部分の波動関数 $R_{nl}(r)$ は

$$R_{nl}(r) = A_{nl}(2\lambda r)^l L_{n+l}^{2l+1}(2\lambda r)e^{-\lambda r} = A_{nl}\left(\frac{2Zr}{na_0}\right)^l e^{-Zr/(na_0)} L_{n+l}^{2l+1}\left(\frac{2Zr}{na_0}\right) \tag{20.39}$$

となる．ここで A_{nl} は波動関数の規格化定数である．すなわち，

$$\int_0^\infty r^2 \left[R_{nl}(r)\right]^2 \mathrm{d}r = 1 \tag{20.40}$$

を満たす必要がある．したがって，以下のラゲールの陪多項式の性質を使えばよい[注13]．

$$\int_0^\infty e^{-\rho}\rho^{2l}\left[L_{n+l}^{2l+1}(\rho)\right]^2\rho^2\,\mathrm{d}\rho = \frac{2n[(n+l)!]^3}{(n-l-1)!} \tag{20.41}$$

また，これらの2つの式より規格化定数は，

注13）ここでは述べないが，上の式で L_n^k と L_m^k は $n \neq m$ では直交関係があることも示されている．

$$A_{nl} = -\left(\frac{2Z}{na_0}\right)^{3/2}\sqrt{\frac{(n-l-1)!}{2n[(n+l)!]^3}} \tag{20.42}$$

となる．最終的に求められた動径波動関数は，

$$R_{nl}(r) = -\sqrt{\frac{(n-l-1)!}{2n[(n+l)!]^3}}\left(\frac{2Z}{na_0}\right)^{l+3/2} r^l e^{-Zr/(na_0)} L_{n+l}^{2l+1}\left(\frac{2Zr}{na_0}\right) \tag{20.43}$$

となる．代表的な動径波動関数を以下に示す．

$$n=1, \quad l=0, \quad R_{10}(r) = 2\left(\frac{Z}{a_0}\right)^{3/2} e^{-Zr/a_0}$$

$$n=2, \quad l=0, \quad R_{20}(r) = \frac{1}{\sqrt{2}}\left(\frac{Z}{a_0}\right)^{3/2}\left(1-\frac{Zr}{2a_0}\right)e^{-Zr/(2a_0)}$$

$$l=1, \quad R_{21}(r) = \frac{1}{\sqrt{6}}\left(\frac{Z}{a_0}\right)^{3/2}\frac{Zr}{2a_0}e^{-Zr/(2a_0)}$$

$$n=3, \quad l=0, \quad R_{30}(r) = \frac{2}{3\sqrt{3}}\left(\frac{Z}{a_0}\right)^{3/2}\left(1-\frac{2Zr}{3a_0}+\frac{2Z^2r^2}{27a_0^2}\right)e^{-Zr/(3a_0)}$$

$$l=1, \quad R_{31}(r) = \frac{8}{9\sqrt{6}}\left(\frac{Z}{a_0}\right)^{3/2}\frac{Zr}{3a_0}\left(1-\frac{Zr}{6a_0}\right)e^{-Zr/(3a_0)}$$

$$l=2, \quad R_{32}(r) = \frac{4}{9\sqrt{30}}\left(\frac{Z}{a_0}\right)^{3/2}\left(\frac{Zr}{3a_0}\right)^2 e^{-Zr/(3a_0)}$$

$$\tag{20.44}$$

　この関数を**図20.2**（左）にプロットするが，一番大事なのは，動径波動関数が $n-l-1$ の零点（節（ふし），node）をもつことである．節では，動径波動関数が0すなわち存在確率が0であるということである．節を作るにはエネルギーが必要なので，一般にエネルギーは高くなる．式(20.43)の動径波動関数 $R_{nl}(r)$ と存在確率 $[rR_{nl}(r)]^2$ を r/a_0 に対してプロットしたものが図20.2（右）である．動径波動関数の存在確率は，ラゲールの陪多項式の性質から

$$\langle nl|r|nl\rangle = \frac{a_0}{2Z}\left[3n^2-l(l+1)\right] \tag{20.45}$$

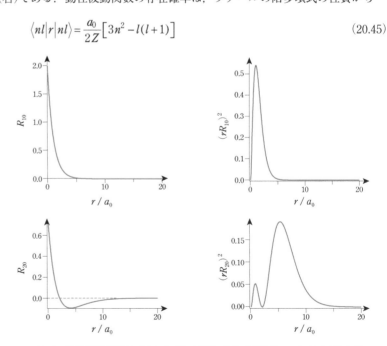

図20.2　動径波動関数 $R_{nl}(r)$ および存在確率 $[rR_{nl}(r)]^2$ の r/a_0 に対する依存性

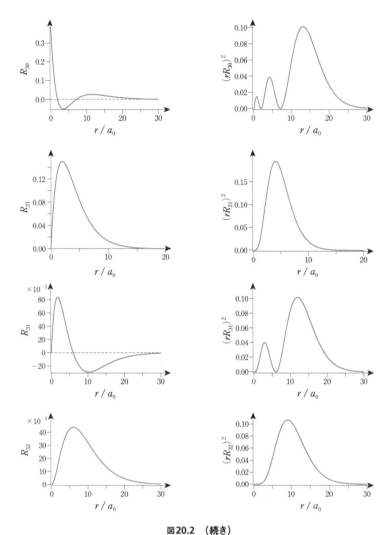

図20.2　（続き）

と，基本的に n が大きく l が小さいほど原子核から離れる.

20.5　水素原子型の波動関数

以上より，**水素原子型の波動関数**は，動径部分 $R_{nl}(r)$ と角度部分 $Y_{lm}(\theta,\phi)$ を合わせて

$$\psi_{nlm}(r,\theta,\phi) = R_{nl}(r)Y_{lm}(\theta,\phi)$$

$$= (-1)^{\frac{m+|m|}{2}} \sqrt{\frac{(n-l-1)!}{2n[(n+l)!]^3}} \sqrt{\frac{2l+1}{4\pi}\frac{(l-|m|)!}{(l+|m|)!}} \left(\frac{2Z}{na_0}\right)^{l+3/2} \tag{20.46}$$

$$r^l e^{-Zr/(na_0)} L_{n+l}^{2l+1}\left(\frac{2Zr}{na_0}\right) P_l^{|m|}(\cos\theta)e^{im\phi}$$

となる．ちなみに球座標の場合，その積分は以下のようになる[注14].

$$\int_0^\infty r^2\,\mathrm{d}r \int_0^\pi \sin\theta\,\mathrm{d}\theta \int_0^{2\pi}\mathrm{d}\phi... \tag{20.47}$$

これは**図20.3**の体積素片[注15]からも理解できる.

注14) 演習で学ぶ 科学のための数学，D. S. Sivia, S. G. Rawlings（著），山本雅博，加納健司（訳），化学同人，2018の問題12.2 を参照.

注15) 動径方向 $\mathrm{d}r$ × 角度 θ 方向 $r\,\mathrm{d}\theta$ × 角度 ϕ 方向 $r\sin\theta\,\mathrm{d}\phi$

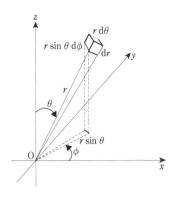

図20.3 体積素片の概念図

波動関数の規格直交化は,

$$\int_0^\infty r^2\,\mathrm{d}r\int_0^\pi\sin\theta\,\mathrm{d}\theta\int_0^{2\pi}\mathrm{d}\phi\,\psi_{n'l'm'}^*(r,\theta,\phi)\psi_{nlm}(r,\theta,\phi)$$
$$=\int_0^\infty r^2 R_{n'l'}(r)R_{nl}(r)\mathrm{d}r\int_0^\pi\sin\theta\,\mathrm{d}\theta\int_0^{2\pi}\mathrm{d}\phi\,Y_{l'm'}^*(\theta,\phi)Y_{lm}(r,\theta,\phi) \qquad(20.48)$$
$$=\delta_{n',n}\delta_{l',l}\delta_{m',m}$$

となることは明らかである.

波動関数は n, l, m の3つの量子数で特定でき, n は**主量子数**(principal quantum number)と呼ばれ, $n=1, 2, 3, \cdots$ の値をとる. エネルギー固有値 E_n は主量子数にのみ依存する. l は**角運動量子数**または**方位量子数**(angular momentum quantum number)と呼ばれ, ラゲールの陪多項式の性質から $0 \le l \le n-1$ の整数で, $l = 0, 1, 2, \cdots, n-1$ の値をとる(式(20.34)). 角運動量の二乗は $\hbar^2 l(l+1)$ で与えられる(式(20.5a)). すなわち, 角運動量の大きさは $|L| = \hbar\sqrt{l(l+1)}$ となり, 角運動量子数 l で決められる. 動径波動関数 $R_{nl}(r)$ は, 主量子数 n と角運動量子数 l に依存する. 主量子数 n に対して, n 個の角運動量子数があり, 同じエネルギーをもつ(エネルギーは n 重に縮退する). $l = 0, 1, 2, 3$ に対して, それぞれ s(sharp), p(principal), d(diffuse), f(fundamental)という名前がついており, 主量子数と角運動量子数をセットにして, 1s, 2s, 2p, 3s, 3p, 3d, 4s, 4d, 4f, $\cdots$ と呼ぶ. $-l \le m \le l$, すなわち, $m = 0, \pm 1, \pm 2, \cdots, \pm l$ となる3番目の量子数 m を**磁気量子数**(magnetic quantum number)と呼ぶ. これは, 角運動量のある成分(z成分)の固有値 $L_z = m\hbar$ となる. 同じ l に対して $2l+1$ の m があり, エネルギーは $2l+1$ 重に縮退する.

水素原子のエネルギー準位を**図20.4**にまとめる. 隣りのエネルギー準位

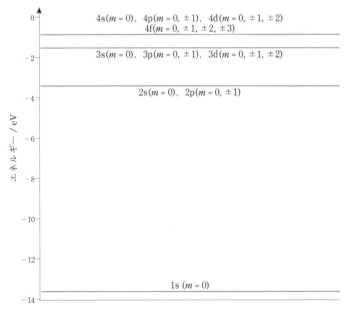

図20.4 水素原子のエネルギー準位

間の差は n が大きくなるにつれて小さくなることがわかる．そのエネルギーの多重度（縮重度）は，$n=1$ で 1，$n=2$ で $1+3=4$，$n=3$ で $1+3+5=9$，$n=4$ で $1+3+5+7=16$，…というように，n^2 倍となる．

波動関数の具体的な形を書いてみよう．$\sigma=Zr/a_0$ として，Ψ_{nlm} は，

$$1\mathrm{s}: n=1,\ l=0,\ m=0,\ \psi_{1s}=\frac{1}{\sqrt{\pi}}\left(\frac{Z}{a_0}\right)^{3/2}e^{-\sigma}$$

$$2\mathrm{s}: n=2,\ l=0,\ m=0,\ \psi_{2s}=\frac{1}{\sqrt{32\pi}}\left(\frac{Z}{a_0}\right)^{3/2}(2-\sigma)e^{-\sigma/2}$$

$$2\mathrm{p}: n=2,\ l=1,\ m=0,\ \psi_{2p_z}=\frac{1}{\sqrt{32\pi}}\left(\frac{Z}{a_0}\right)^{3/2}\sigma e^{-\sigma/2}\cos\theta$$

$$2\mathrm{p}: n=2,\ l=1,\ m=\pm1,\ \psi_{2p_x}=\frac{1}{\sqrt{64\pi}}\left(\frac{Z}{a_0}\right)^{3/2}\sigma e^{-\sigma/2}\sin\theta\cos\phi,$$

$$\psi_{2p_y}=\frac{1}{\sqrt{64\pi}}\left(\frac{Z}{a_0}\right)^{3/2}\sigma e^{-\sigma/2}\sin\theta\sin\phi$$

$$3\mathrm{s}: n=3,\ l=0,\ m=0,\ \psi_{3s}=\frac{1}{81\sqrt{3\pi}}\left(\frac{Z}{a_0}\right)^{3/2}(27-18\sigma+2\sigma^2)e^{-\sigma/3}$$

$$3\mathrm{p}: n=3,\ l=1,\ m=0,\ \psi_{3p_z}=\frac{\sqrt{2}}{81\sqrt{\pi}}\left(\frac{Z}{a_0}\right)^{3/2}(6\sigma-\sigma^2)e^{-\sigma/3}\cos\theta$$

$$3\mathrm{p}: n=3,\ l=1,\ m=\pm1,\ \psi_{3p_x}=\frac{\sqrt{2}}{81\sqrt{\pi}}\left(\frac{Z}{a_0}\right)^{3/2}(6\sigma-\sigma^2)e^{-\sigma/3}\sin\theta\cos\phi,$$

$$\psi_{3p_y}=\frac{\sqrt{2}}{81\sqrt{\pi}}\left(\frac{Z}{a_0}\right)^{3/2}(6\sigma-\sigma^2)e^{-\sigma/3}\sin\theta\sin\phi$$

$$3\mathrm{d}: n=3,\ l=2,\ m=0,\ \psi_{3d_{z^2}}=\frac{1}{81\sqrt{6\pi}}\left(\frac{Z}{a_0}\right)^{3/2}\sigma^2 e^{-\sigma/3}(3\cos^2\theta-1)$$

$$3\mathrm{d}: n=3,\ l=2,\ m=\pm1,\ \psi_{3d_{zx}}=\frac{\sqrt{2}}{81\sqrt{\pi}}\left(\frac{Z}{a_0}\right)^{3/2}\sigma^2 e^{-\sigma/3}\sin\theta\cos\theta\cos\phi,$$

$$\psi_{3d_{yz}}=\frac{\sqrt{2}}{81\sqrt{\pi}}\left(\frac{Z}{a_0}\right)^{3/2}\sigma^2 e^{-\sigma/3}\sin\theta\cos\theta\sin\phi$$

$$3\mathrm{d}: n=3,\ l=2,\ m=\pm2, \psi_{3d_{x^2-y^2}}=\frac{1}{81\sqrt{2\pi}}\left(\frac{Z}{a_0}\right)^{3/2}\sigma^2 e^{-\sigma/3}\sin^2\theta\cos 2\phi,$$

$$\psi_{3d_{xy}}=\frac{1}{81\sqrt{2\pi}}\left(\frac{Z}{a_0}\right)^{3/2}\sigma^2 e^{-\sigma/3}\sin^2\theta\sin 2\phi$$

$$\tag{20.49}$$

となる．式 (20.46) の $(l=1,\ m=\pm1)$，$(l=2,\ m=\pm1)$，$(l=2,\ m=\pm2)$ では，$\exp(\pm im\phi)$ という複素関数が現れる．ただし，この項はその複素共役との積で 1 となるので，これらの項の重ね合わせで波動関数を実数表示してもよいし，そのほうが何かと便利である．

$(l=1,\ m=0,\ \pm1)$ では，p_z, p_x, p_y を以下のように定義する (注16)．

注16）角度部分の関数が複素関数となっているので，対応する球面調和関数を実数化すればよい．[Web] 20-5 も参照．

$$p_z = Y_{10} = \sqrt{\frac{3}{4\pi}}\cos\theta,$$

$$p_x = \frac{1}{\sqrt{2}}(Y_{11} + Y_{1-1}) = \sqrt{\frac{3}{4\pi}}\sin\theta\cos\phi, \tag{20.50}$$

$$p_y = \frac{1}{\sqrt{2}i}(Y_{11} - Y_{1-1}) = \sqrt{\frac{3}{4\pi}}\sin\theta\sin\phi$$

また $(l=2,\, m=0,\,\pm1,\,\pm2)$ では，$d_{z^2}, d_{xz}, d_{yz}, d_{x^2-y^2}, d_{xy}$ を以下のように定義する．

$$d_{z^2} = Y_{20} = \left(\frac{5}{16\pi}\right)^{1/2}(3\cos^2\theta - 1),$$

$$d_{xz} = \frac{1}{\sqrt{2}}(Y_{21} + Y_{2-1}) = \left(\frac{15}{4\pi}\right)^{1/2}\sin\theta\cos\theta\cos\phi,$$

$$d_{yz} = \frac{1}{\sqrt{2}i}(Y_{21} - Y_{2-1}) = \left(\frac{15}{4\pi}\right)^{1/2}\sin\theta\cos\theta\sin\phi, \tag{20.51}$$

$$d_{x^2-y^2} = \frac{1}{\sqrt{2}}(Y_{22} + Y_{2-2}) = \left(\frac{15}{16\pi}\right)^{1/2}\sin^2\theta\cos 2\phi,$$

$$d_{xy} = \frac{1}{\sqrt{2}i}(Y_{22} - Y_{2-2}) = \left(\frac{15}{16\pi}\right)^{1/2}\sin^2\theta\sin 2\phi$$

実数の関数として表された波動関数は，

$$1\mathrm{s}: n=1,\, l=0,\, m=0,\, \psi_{1s} = \frac{1}{\sqrt{\pi}}\left(\frac{Z}{a_0}\right)^{3/2}e^{-\sigma}$$

$$2\mathrm{s}: n=2,\, l=0,\, m=0,\, \psi_{2s} = \frac{1}{\sqrt{32\pi}}\left(\frac{Z}{a_0}\right)^{3/2}(2-\sigma)e^{-\sigma/2}$$

$$2\mathrm{p}: n=2,\, l=1,\, m=0,\, \psi_{2p_z} = \frac{1}{\sqrt{32\pi}}\left(\frac{Z}{a_0}\right)^{3/2}\sigma e^{-\sigma/2}\cos\theta$$

$$2\mathrm{p}: n=2,\, l=1,\, m=\pm1,\, \psi_{2p_x} = \frac{1}{\sqrt{64\pi}}\left(\frac{Z}{a_0}\right)^{3/2}\sigma e^{-\sigma/2}\sin\theta\cos\phi,$$

$$\psi_{2p_y} = \frac{1}{\sqrt{64\pi}}\left(\frac{Z}{a_0}\right)^{3/2}\sigma e^{-\sigma/2}\sin\theta\sin\phi$$

$$3\mathrm{s}: n=3,\, l=0,\, m=0,\, \psi_{3s} = \frac{1}{81\sqrt{3\pi}}\left(\frac{Z}{a_0}\right)^{3/2}(27-18\sigma+2\sigma^2)e^{-\sigma/3}$$

$$3\mathrm{p}: n=3,\, l=1,\, m=0,\, \psi_{3p_z} = \frac{\sqrt{2}}{81\sqrt{\pi}}\left(\frac{Z}{a_0}\right)^{3/2}(6\sigma-\sigma^2)e^{-\sigma/3}\cos\theta$$

$$3\mathrm{p}: n=3,\, l=1,\, m=\pm1,\, \psi_{3p_x} = \frac{\sqrt{2}}{81\sqrt{\pi}}\left(\frac{Z}{a_0}\right)^{3/2}(6\sigma-\sigma^2)e^{-\sigma/3}\sin\theta\cos\phi,$$

$$\psi_{3p_y} = \frac{\sqrt{2}}{81\sqrt{\pi}}\left(\frac{Z}{a_0}\right)^{3/2}(6\sigma-\sigma^2)e^{-\sigma/3}\sin\theta\sin\phi$$

$$3\mathrm{d}: n=3,\, l=2,\, m=0,\, \psi_{3d_{z^2}} = \frac{1}{81\sqrt{6\pi}}\left(\frac{Z}{a_0}\right)^{3/2}\sigma^2 e^{-\sigma/3}(3\cos^2\theta - 1)$$

$$3\mathrm{d}: n=3,\, l=2,\, m=\pm1,\, \psi_{3d_{xz}} = \frac{\sqrt{2}}{81\sqrt{\pi}}\left(\frac{Z}{a_0}\right)^{3/2}\sigma^2 e^{-\sigma/3}\sin\theta\cos\theta\cos\phi,$$

$$\psi_{3d_{yz}} = \frac{\sqrt{2}}{81\sqrt{\pi}}\left(\frac{Z}{a_0}\right)^{3/2}\sigma^2 e^{-\sigma/3}\sin\theta\cos\theta\sin\phi$$

$$3\mathrm{d}: n=3,\ l=2, m=\pm2,\ \psi_{3d_{x^2-y^2}} = \frac{1}{81\sqrt{2\pi}}\left(\frac{Z}{a_0}\right)^{3/2}\sigma^2 e^{-\sigma/3}\sin^2\theta\cos2\phi,$$

$$\psi_{3d_{xy}} = \frac{1}{81\sqrt{2\pi}}\left(\frac{Z}{a_0}\right)^{3/2}\sigma^2 e^{-\sigma/3}\sin^2\theta\sin2\phi \tag{20.52}$$

となる.

22章に後述するように，量子化学計算を用いると，ある近似のもとにシュレーディンガー方程式を数値的に解くことで水素原子の電子軌道を求めることができ，ここから波動関数を3次元空間に書き表すことが可能になる．水素原子の各電子軌道について，量子化学計算ソフトウェア Gaussian16 と可視化ソフトウェア GaussView6 によって得られた波動関数の等確率密度面(注17)の描画を**図 20.5** に示す．

s軌道は球対称である．p_x, p_y, p_z 軌道はそれぞれ x, y, z 軸まわりに対称で軸の正負の領域で波動関数の符号が反転する．$3\mathrm{d}_{z^2}$ 軌道では z 軸に沿って同符号の波動関数が存在する．$3\mathrm{d}_{x^2-y^2}$ 軌道では x, y 軸上に波動関数が存在するが，その符号は異なる．$3\mathrm{d}_{xz}$, $3\mathrm{d}_{yz}$ $3\mathrm{d}_{xy}$ 軌道はそれぞれ xz, yz, xy 平面内に存在確率が高いが，それぞれ x, z 軸，y, z 軸，x, y 軸では波動関数が節となっている．

それぞれの波動関数は規格直交化されている．s軌道どうしでは，動径部分のある点で節があるため直交化がなされ，s と p では波動関数が偶関数と奇関数となるため直交する．

注17) $0.02\,e\,\mathrm{a.u.}^{-3}$，ここで$e$は電気素量，距離の原子単位 $1\,\mathrm{a.u.}$ はボーア半径 $0.59210\,\text{Å}$ である．

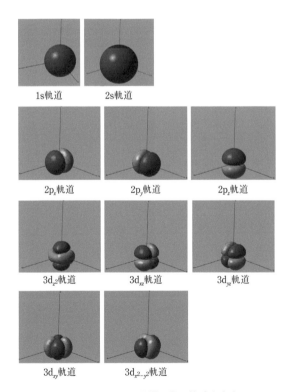

1s軌道　　2s軌道

$2\mathrm{p}_x$軌道　　$2\mathrm{p}_y$軌道　　$2\mathrm{p}_z$軌道

$3\mathrm{d}_{z^2}$軌道　　$3\mathrm{d}_{xz}$軌道　　$3\mathrm{d}_{yz}$軌道

$3\mathrm{d}_{xy}$軌道　　$3\mathrm{d}_{x^2-y^2}$軌道

図20.5　水素原子の波動関数の等確率密度面
それぞれの波動関数の空間のスケールは同じである．赤と緑は波動関数の符号が違う（1つが＋で，もう1つが－である）ことを示している．

波動関数は，二乗するとその存在確率を表すことに意味があるが，他にも重要なことがある．波動関数を重ね合わせるとその符号（位相といってもよい）によって波は強め合ったり弱め合ったりする．このことが，化学反応が量子力学的な説明でのみ可能であるということの強い裏づけとなっており，波動関数の位相は極めて重要な概念である（注18）．

20.6 多電子原子：電子間相互作用により縮退が解ける

図20.5に示した水素原子の電子軌道は，ある近似のもとにシュレーディンガー方程式を数値的に解いて得られるものである．原子・分子で厳密に解けるのは水素原子のみである．ただし，電子間には相互作用はないという仮定のもとに解析的に解けたのである．実際には，電子間の直接静電相互作用，交換相互作用（注19）を考慮する必要がある．加えて，高次の電子間相互作用である相関相互作用をなんらかの近似で入れると，主量子数nでのみ決まって縮退していた軌道のエネルギーが解けて，nおよびlに依存するようになる．すなわち，例えば，2sと2p軌道（三重縮退，1つの軌道にスピン↑と↓が入り2電子が入るので，6電子が入る）に分裂する．さらにX線光電子分光法（注20）の実験データを見ると，摂動論（21.1.2項）で後述するスピン軌道相互作用により，結合エネルギーは**内量子数**jを使って$j=l-1/2$と$j=l+1/2$（ただし，lは1以上）に，$2l$重と$2l+2$重に縮退が解ける微細構造を示す（**図20.6**）（注21）．

（注18）化学反応と波動関数の位相については，例えば，フロンティア軌道論で理解する有機化学，稲垣都士，池田博隆，山本尚，化学同人（2018）が詳しい．

（注19）同じ状態に2つ入らないというパウリの排他律を実現するために波動関数にある行列式（スレーター行列式と呼ばれる）を導入すると得られる．

（注20）X線光電子分光法（X-ray Photoelectron Spectroscopy，XPS）：X線を入射して光電効果により電子を放出させる．光電子のエネルギーと放出された電子の強度との関係を測定する．

（注21）このように，1電子の角運動量を合成してn, l, j, mで状態を表す方法をjカップリングによる表示という．21.1.2項を参照．

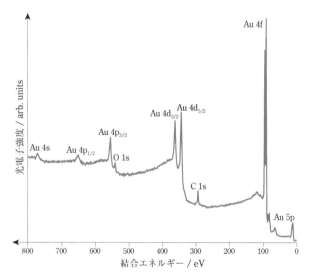

図20.6 Al Kα線（hν＝1486.6 eV）の照射により，Au 表面より放出された光電子スペクトル
〔A. Al-Ajlony, A. Kanjilal, S. S. Harilal, and A. Hassanein, *J. Vac. Sci. Technol.* B **30**（4）, 041603（2012）〕

20.7 電子スピン

正確なたとえではないが，太陽のまわりを回る地球の公転運動を電子の軌道とみなせば，地球の自転は電子のスピンに対応する（ コラム20.2 を参照）．

スピンに対しても固有値・固有関数を定義できる．スピン固有関数を $|s, m_s\rangle$ と書こう．角運動量演算子と同様にスピン角運動量演算子 $\hat{\vec{S}}$ と $\hat{\vec{S}}_z$ に対して，以下の関係が得られる．

$$\hat{\vec{S}}^2 |s, m_s\rangle = \hbar^2 s(s+1)|s, m_s\rangle, \; \hat{\vec{S}}_z |s, m_s\rangle = \hbar m_s |s, m_s\rangle$$
$$s = \frac{1}{2}, \; m_s \equiv -\frac{1}{2}, \frac{1}{2} \tag{20.53}$$

$s, m_s\rangle = \left|\frac{1}{2}, \frac{1}{2}\right\rangle$ を α あるいは↑，$s, m_s\rangle = \left|\frac{1}{2}, -\frac{1}{2}\right\rangle$ を β あるいは↓と書く．

このように，量子数 n, l, m に加えて新たなスピン量子数 m_s を得て，n, l, m, m_s で指定される同じ状態に電子は同時に存在できないというパウリの排他律があるが，これは電子の交換によって波動関数が符号を変える性質（反対称性）と一致し，数学的には行列式で表される．

いま，三重に縮退した p 軌道に電子が複数入る場合を考えよう．電子数 1 ～ 6 の場合，パウリの排他律を考慮すると**図20.7**のようなばらまき方がある．ここで，全スピン角運動量（スピン量子数の和）S を考え，$2S+1$ を**スピン多重度**（spin multiplicity）と呼ぶ．スピン多重度 $2S+1$ は，1,2,3,…をとり，1 を一重項（singlet），2 を二重項（doublet），3 を三重項（triplet）という．ドイツの分光学者のフントは，実験に基づき，最大の S をもつ状態が安定であるという経験則（**フントの（最大多重度の）規則**）を提唱している．

五重に縮退した d 軌道に電子が 5 ～ 10 個の場合，パウリの排他律を考慮

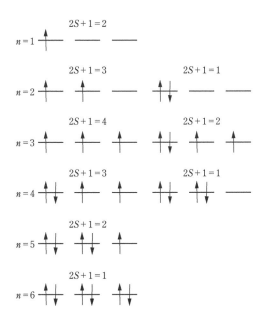

図20.7　三重に縮退したp軌道に1～6個の電子を分布するパターン

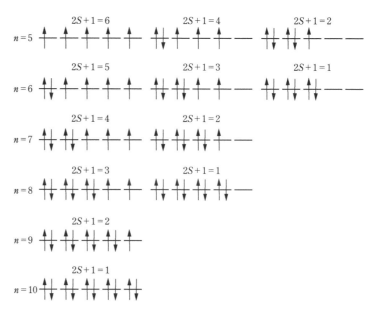

$n=5$ $2S+1=6$ $2S+1=4$ $2S+1=2$

$n=6$ $2S+1=5$ $2S+1=3$ $2S+1=1$

$n=7$ $2S+1=4$ $2S+1=2$

$n=8$ $2S+1=3$ $2S+1=1$

$n=9$ $2S+1=2$

$n=10$ $2S+1=1$

図20.8　五重に縮退したd軌道に5〜10個の電子を分布するパターン

すると**図20.8**のようなばらまき方がある．フントの規則を満足するのは一番左側のカラムである．3d軌道は，図20.2の動径波動関数からわかるように，原子核の近くに局在するために，分子や固体となっても原子やイオンの電子配置を保つ．例えば，3d軌道に電子が5つ入るMn^{2+}カチオン（$MnSO_4$中）は，$2S+1=6$となるが，電子スピンが磁石の働きをもつため3d遷移金属の硫酸塩は常磁性を示し，その磁化率[注22]は3d遷移金属で最大となる．

注22）物質中で磁場Hと磁束密度Bは，

$$B = \mu_0(1+\chi)H$$

の関係にある．ここで，μ_0は真空の透磁率である．χが磁化率で，$\chi>0$のとき物質内に磁場が入るほうが安定となり，常磁性となる．

コラム20.2　スピン1/2の謎?

　1次元のスピンではファインマンが直感的イメージを示した．スピン1/2は電子の自転という古典的なイメージは正しくなく，相対論を取り入れたディラック方程式から自然に出てくる概念であるというのが一般に知られている．しかし，物事を直感的に捉えることに対して天才的な才能をもつファインマンは，この説明に満足できなかった．

　1946年に彼自身が開発した経路積分法[注23]を使って，線上を光速で運動する1次元の電子が一度向きを変えると，$\exp(i\pi)$ではなく$\exp(i\pi/2)$の位相因子を得ることを示したのである．このことは，2πの回転で$\exp(i\pi)$，4πの回転で$\exp(i2\pi)$となり，元に戻ることを示している．つまり1次元でのツィッターベヴェーグンク[注24]が，2回転すると元に戻ることを示したのである．ただし，1次元の理論を3次元に拡張することには困難があり，その後の発展は諦めたようである[注25]．

注23）量子力学の1つの理論で，あらゆる可能な経路に沿って作用量を積分すると，波動関数が得られる．
注24）ジグザグ運動（独語：Zitterbewegung，略称：ZB）のこと．
注25）S. S. Schweber, *Rev. Mod. Phys.* **58**, 449（1986）.

20.1 直交座標で表されたラプラシアンを球面座標で表しなさい． Web 20-2，20-3，20-4 を参照のこと．

20.2 Web 20-1 を見て，以下を証明しなさい．

(a) $\left[\hat{L}^2, \hat{L}_\pm\right] = 0$, (b) $\left[\hat{L}_+, \hat{L}_-\right] = 2\hbar\hat{L}_z$, (c) $\left[\hat{L}_z, \hat{L}_\pm\right] = \pm\hbar\hat{L}_\pm$

20.3 Web 20-1 を見て，以下を証明しなさい．
$$\hat{L}_\pm|l,m\rangle = \hbar\sqrt{l(l+1)-m(m\pm1)}|l,m\pm1\rangle = \hbar\sqrt{(l\mp m)(l\pm m+1)}|l,m\pm1\rangle$$

20.4 Web 20-1 を見て，以下の式はどのようにして導出されるのかを記しなさい．
$$\hat{L}_x|l,m\rangle = ?, \quad \hat{L}_y|l,m\rangle = ?$$

20.5 図 20.2 より，$(n,l) = (1,0), (2,0), (2,1), (3,0), (3,1), (3,2)$ のときの動径波動関数の節の数が $n-l-1$ であることを確認しなさい．

20.6 図 20.6 は，Au 表面からの光電子スペクトルであり，横軸の結合エネルギーは電子がそこまで詰まっているフェルミ準位とのエネルギー差である．以下の問 1 ～ 5 に答えなさい．

問 1 主量子数が小さければ，結合エネルギーは大きくなる．式 (20.30) と比較しなさい．

問 2 主量子数が同じでも s, p, d, f 軌道の順に結合エネルギーが大きくなる原因は何か．20.6 節を参照のこと．

問 3 s 軌道は単一のピークとなるが，p, d, f 軌道は 2 本に分裂するのはなぜか．21.1.2 項も参照のこと．

問 4 $j = l-1/2$ と $j = l+1/2$ のピーク強度が，$2l$ 対 $2l+2$ となることを確認しなさい．

問 5 ピークの分裂の大きさは，21.1.2 項で $E^2/l(l+1)$ に比例することを示すがそれも確認しなさい．

20.7 ほぼ孤立した二価のカチオン Fe^{2+} をもつ $FeSO_4 \cdot nH_2O$ に磁場をかけたところ，磁場の方向に Fe^{2+} の電子スピンの向きがそろう常磁性を示した．ここで，電子スピンには遷移金属である鉄の 3d 電子が寄与するとしてよい．以下の問 1 ～ 4 に答えなさい．

問 1 孤立した二価のカチオン Fe^{2+} の 3d 電子数はいくつか．

問 2 フントの規則に従う電子配置をすると，全スピン角運動量 S の値はどうなるのか．スピン配置も示しなさい．

問 3 二価のカチオン Fe^{2+} をもつヘキサシアニド鉄 (II) 酸カリウム $K_4\left[Fe(CN)_6\right]$ は常磁性を示さない．この物質は Fe^{2+} の $\pm x, \pm y, \pm z$ 方向に 6 つのシアノイオン CN^- が配位して，その影響で五重縮退した 3d 準位が分裂して，エネルギーの低い三重の準位とエネルギーの高い二重の準位に分裂する．この準位の分裂が大きいとき全スピン角運動量 S の値はどうなるのか．スピン配置も示しなさい．

問 4 五重縮退した 3d 準位が分裂して，エネルギーの低い三重の準位とエネルギーの高い二重の準位に分裂するのはなぜか．図 20.5 の d 軌道の空間対称性を考慮しなさい．

第21章

近似理論と化学結合

Now I come to the greatest shame of theoretical physics. For the last 25 years, well it's more than that, it's nearly 40 years, field theories have been in existence, and still no one can compute most of their consequences exactly. Even the predictions of Yukawa's field theory, for example, can't be calculated exactly. We can calculate approximately in electrodynamics only because the coupling is small. We make a series expansion in the coupling constant. When we can't make the series expansion we're too stupid to figure out what the consequences are. That's a sin. It is one of the reasons we are not making much progress.

Richard Phillips Feynman, Caltech lecture on particles , 1973.

シュレーディンガー方程式は非常に簡単な場合を除いて，解析的には解くことができないが，意味がないわけではない．解析的に解ける場合を拡張して，なんらかの近似を用いて近似解を出すことが可能である．特に現代の量子化学では，ほとんどすべての場合が数値計算に基づいた近似理論で解かれており，種々の実験との直接比較が可能なくらいにその精度は上がっている．

本章では，そのような近似理論の基本となる時間に依存しない摂動論と変分法について学ぼう．

21.1　時間に依存しない摂動論（縮退がない場合）

摂動(せつどう，purtabation)は，厳密に解ける系から非常に小さい変化をかけたときに系のエネルギーおよび波動関数がどのように変化するのかを求める手法である．厳密に解ける場合を式(21.1)のように書く．演算子とそれに作用する波動関数を明示するために，以下のディラックの記法を用いる(注1)．

注1) Web 18–1(再掲)を参照.

$$\hat{H}_0|\phi_n\rangle = E_n^{(0)}|\phi_n\rangle \tag{21.1}$$

いまは縮退のない場合を考えているので，厳密に解けるエネルギー固有値 $E_n^{(0)}$ に対して厳密に解ける $|\phi_n\rangle$ が知られているとする．いま系のハミルトニアンが $\hat{H}_0$ からほんの少し変化して $\hat{H}_0 + \hat{H}_1$ になったとする．$\hat{H}_1$ の寄与の大きさを明らかにするために，微少量のパラメータ $\lambda (\ll 1)$ を使って

$$\hat{H}_1 = \lambda \hat{W} \tag{21.2}$$

とおく．新たな固有方程式は，

$$\left(\hat{H}_0 + \hat{H}_1\right)|\psi_n\rangle = \left(\hat{H}_0 + \lambda\hat{W}\right)|\psi_n\rangle = E_n|\psi_n\rangle \tag{21.3}$$

となる．摂動が小さいので新たに定義した固有値，固有関数を以下のように近似する．

$$E_n = E_n^{(0)} + \lambda E_n^{(1)} + \lambda^2 E_n^{(2)} + \cdots \tag{21.4}$$
$$|\psi_n\rangle = |\phi_n\rangle + \lambda|\psi_n^{(1)}\rangle + \lambda^2|\psi_n^{(2)}\rangle + \cdots$$

これを式(21.3)に代入すると

$$(\hat{H}_0 + \lambda\hat{W})(|\phi_n\rangle + \lambda|\psi_n^{(1)}\rangle + \lambda^2|\psi_n^{(2)}\rangle + \cdots)$$
$$= (E_n^{(0)} + \lambda E_n^{(1)} + \lambda^2 E_n^{(2)} + \cdots)(|\phi_n\rangle + \lambda|\psi_n^{(1)}\rangle + \lambda^2|\psi_n^{(2)}\rangle + \cdots) \tag{21.5}$$

となる．さらに λ の次数で整理すると，

$$0\text{ 次の }\lambda: \hat{H}_0|\phi_n\rangle = E_n^{(0)}|\phi_n\rangle \tag{21.6}$$

$$1\text{ 次の }\lambda: \hat{H}_0|\psi_n^{(1)}\rangle + \hat{W}|\phi_n\rangle = E_n^{(0)}|\psi_n^{(1)}\rangle + E_n^{(1)}|\phi_n\rangle \tag{21.7}$$

$$2\text{ 次の }\lambda: \hat{H}_0|\psi_n^{(2)}\rangle + \hat{W}|\psi_n^{(1)}\rangle = E_n^{(0)}|\psi_n^{(2)}\rangle + E_n^{(1)}|\psi_n^{(1)}\rangle + E_n^{(2)}|\phi_n\rangle \tag{21.8}$$

となる．これらの式に $\langle\phi_n|$ を作用させて積分し，$E_n^{(1)}, E_n^{(2)}, |\psi_n^{(1)}\rangle$ を求める．そのためには，波動関数の規格直交化の関係を求める必要がある．$|\phi_n\rangle$ と $|\psi_n\rangle$ はそれほど大きく変わらないので，$\langle\phi_n|\psi_n\rangle \simeq 1$ であるが，厳密に $\langle\phi_n|\psi_n\rangle = 1$ とおいて，この関係を以降用いる．

$$1 = \langle\phi_n|\psi_n\rangle = \underbrace{\langle\phi_n|\phi_n\rangle}_{=1} + \lambda\langle\phi_n|\psi_n^{(1)}\rangle + \lambda^2\langle\phi_n|\psi_n^{(2)}\rangle + \cdots \tag{21.9}$$

となるので，すべての λ に対して成立するためには，

$$\langle\phi_n|\psi_n^{(1)}\rangle = \langle\phi_n|\psi_n^{(2)}\rangle = \cdots = 0 \tag{21.10}$$

となる．0 次の λ の式(21.6)では，

$$E_n^{(0)}\underbrace{\langle\phi_n|\phi_n\rangle}_{=1} = \langle\phi_n|\hat{H}_0|\phi_n\rangle, \ E_n^{(0)} = \langle\phi_n|\hat{H}_0|\phi_n\rangle \tag{21.11}$$

となり，1 次の λ の式(21.7)では，

$$E_n^{(1)}\underbrace{\langle\phi_n|\phi_n\rangle}_{=1} + E_n^{(0)}\underbrace{\langle\phi_n|\psi_n\rangle}_{=0} = \underbrace{\langle\phi_n|\hat{H}_0|\psi_n^{(1)}\rangle}_{=E_n^{(0)}\langle\phi_n|} + \langle\phi_n|\hat{W}|\phi_n\rangle$$
$$E_n^{(1)} = \langle\phi_n|\hat{W}|\phi_n\rangle \tag{21.12}$$
$$E_n = E_n^{(0)} + \lambda E_n^{(1)} = E_n^{(0)} + \langle\phi_n|\hat{H}_1|\phi_n\rangle$$

となる．波動関数については，

$$|\psi_n^{(1)}\rangle = \hat{I}|\psi_n^{(1)}\rangle = \left(\sum_m|\phi_m\rangle\langle\phi_m|\right)|\psi_n^{(1)}\rangle = \sum_{m\neq n}\langle\phi_m|\psi_n^{(1)}\rangle|\phi_m\rangle \tag{21.13}$$

と与えられる．ここで，$\hat{I}$ は恒等演算子で射影演算子(注2)を用いた．和が $m \neq n$ なのは，$\langle\phi_n|\psi_n^{(1)}\rangle = 0$ となるからである．1 次の λ の式(21.7)に左から $\langle\phi_m|$ を作用させると，$m \neq n$ を考慮して，

注2) Web 18-1(再掲)を参照．

$$\underbrace{\langle\phi_m|\hat{H}_0|\psi_n^{(1)}\rangle}_{=E_m^{(0)}\langle\phi_m|} + \langle\phi_m|\hat{W}|\phi_n\rangle = E_n^{(0)}\langle\phi_m|\psi_n^{(1)}\rangle + E_n^{(1)}\underbrace{\langle\phi_m|\phi_n\rangle}_{=0}$$

$$\langle \phi_m | \psi_n^{(1)} \rangle = \frac{\langle \phi_m | \hat{W} | \phi_n \rangle}{E_n^{(0)} - E_m^{(0)}} \tag{21.14}$$

となり，これを式(21.13)に代入すると

$$|\psi_n^{(1)}\rangle = \sum_{m \neq n} \frac{\langle \phi_m | \hat{W} | \phi_n \rangle}{E_n^{(0)} - E_m^{(0)}} |\phi_m\rangle \tag{21.15}$$

が得られる．波動関数は1次までの摂動を考慮することが多く，

$$|\psi_n\rangle = |\phi_n\rangle + \lambda |\psi_n^{(1)}\rangle = |\phi_n\rangle + \sum_{m \neq n} \frac{\langle \phi_m | \hat{H}_1 | \phi_n \rangle}{E_n^{(0)} - E_m^{(0)}} |\phi_m\rangle \tag{21.16}$$

で与えられる．エネルギーの摂動は1次がゼロになる場合もあり，2次の摂動まで考慮することが望ましい．2次のλの式(21.8)に左から$\langle \phi_n |$を作用させると，

$$\underbrace{\langle \phi_n | \hat{H}_0 | \psi_n^{(2)} \rangle}_{= E_n^{(0)} \underbrace{\langle \phi_n | \psi_n^{(2)} \rangle}_{=0}} + \langle \phi_n | \hat{W} | \psi_n^{(1)} \rangle = E_n^{(0)} \underbrace{\langle \phi_n | \psi_n^{(2)} \rangle}_{=0} + E_n^{(1)} \underbrace{\langle \phi_n | \psi_n^{(1)} \rangle}_{=0} + E_n^{(2)} \underbrace{\langle \phi_n | \phi_n \rangle}_{=1}$$

$$E_n^{(2)} = \langle \phi_n | \hat{W} | \psi_n^{(1)} \rangle \tag{21.17}$$

$$= \sum_{m \neq n} \frac{\langle \phi_m | \hat{W} | \phi_n \rangle}{E_n^{(0)} - E_m^{(0)}} \langle \phi_n | \hat{W} | \phi_m \rangle = \sum_{m \neq n} \frac{\left| \langle \phi_m | \hat{W} | \phi_n \rangle \right|^2}{E_n^{(0)} - E_m^{(0)}}$$

となる．$\psi_n^{(1)}$には式(21.15)を用いた．1次と2次の摂動をまとめると

$$E_n = E_n^{(0)} + \lambda E_n^{(1)} + \lambda^2 E_n^{(2)} = E_n^{(0)} + \langle \phi_n | \hat{H}_1 | \phi_n \rangle + \sum_{m \neq n} \frac{\left| \langle \phi_m | \hat{W} | \phi_n \rangle \right|^2}{E_n^{(0)} - E_m^{(0)}} \tag{21.18}$$

である．摂動論が有効かどうかは，波動関数およびエネルギーの摂動が式(21.18)の展開において収束することであり，つまり式(21.18)の第3項が第2項に比べて小さいという条件

$$\frac{\left| \langle \phi_m | \hat{W} | \phi_n \rangle \right|}{E_n^{(0)} - E_m^{(0)}} \ll 1 \tag{21.19}$$

を満たすことである．nとmのエネルギー固有値が等しいとき，すなわち縮退しているときは式(21.19)は発散し，近似は成立しなくなる[注3]。

次に，縮退のない場合の摂動論の例として，分極率とスピン軌道相互作用について以下で考えよう．

注3) 縮退している場合の摂動論は次節で扱う．

21.1.1 電場中での水素原子：分極率

電場中に原子・分子をおくとスペクトル線が分裂する現象を**シュタルク**(Stark)**効果**という．**図21.1**に示すように，いまz方向に均一な電場Eがあるとする．原子核にも力はかかるものの，質量が大きく固定されているとする．電子にかかる力は，$F_z = -eE = -\mathrm{d}V/\mathrm{d}z, V = eEz$となる．$\hat{H}_0$を20章で扱った水素原子のハミルトニアンとし，$V$を摂動とみなすと，$\hat{H}_1 = eEz = eEr\cos\theta$と書け，この場合，微少量パラメータ$\lambda$は電場$E$とすればよい．式(20.18)より

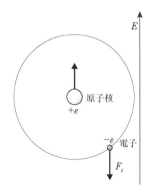

図21.1　電場Eにおかれた水素原子

$$\hat{W} = ez = er\cos\theta = \sqrt{\frac{4\pi}{3}} erY_{1,0}(\theta,\phi) \tag{21.20}$$

とすると，基底状態の 1s 軌道が摂動を受ける前の状態は，

$$E_{1s}^{(1)} = \langle 1s | \hat{W} | 1s \rangle = 0 \tag{21.21}$$

となり（注4），1 次の摂動の寄与はない（演習問題 21.1）．2 次の摂動を求めるために以下の積分を求める．

$$\langle nlm | \hat{W} | 1s \rangle = \sqrt{\frac{4}{3a_0^3}} e \int_0^\pi \sin\theta\,d\theta \int_0^{2\pi} d\phi Y_{l,m}^*(\theta,\phi) Y_{1,0}(\theta,\phi)$$

$$\int_0^\infty dr\, r^3 R_{nl}(r) e^{-r/a_0} \tag{21.22}$$

$$= \delta_{l,1}\delta_{m,0}\sqrt{\frac{4}{3a_0^3}} e \int_0^\infty dr\, r^3 R_{nl}(r) e^{-r/a_0}$$

$l=1$，$m=0$ で $n=2, 3, 4, \cdots$ と和をとり，電場 E の二乗までの摂動を計算すると，

$$E_{1s} = E_{1s}^{(0)} + EE_{1s}^{(1)} + E^2 E_{1s}^{(2)} = E_{1s}^{(0)} + E\underbrace{\langle 1s | \hat{W} | 1s \rangle}_{=0} + E^2 \sum_{n=2}\frac{\left|\langle np0 | \hat{W} | 1s \rangle\right|^2}{E_{1s}^{(0)} - E_{np}^{(0)}}$$

$$= E_{1s}^{(0)} - \frac{9}{4}(4\pi\varepsilon_0)a_0^3 E^2 = E_{1s}^{(0)} - \frac{1}{2}\alpha E^2 \tag{21.23}$$

$$\alpha = \frac{9}{2}(4\pi\varepsilon_0)a_0^3$$

となる．ここで，α は**分極率**（polarizability）という．ただし，摂動での収束は非常に遅く，$4\pi\varepsilon_0$ の前の係数の $-9/4$ は

$$-\frac{9}{4} = -2.25 = -1.48 - 0.20 - 0.06\cdots \tag{21.24}$$

と数値はゆっくりと小さくなる（演習問題 21.2）（注5）．Dalgarno と Lewis の方法を用いて $-9/4$ の厳密解が得られている（注6）．電場によって電子雲がひずんで原子核と電子雲の重心にずれが生じると，双極子モーメント μ が誘起され，その大きさは電子雲のひずみとして z の期待値（注7）を 1 次の摂動で求めた波動関数で計算すればよい．その結果は，

$$\mu = -e\langle z \rangle = \alpha E \tag{21.25}$$

となり，双極子モーメントは電場と分極率に比例する（演習問題 21.3）（注5）．この関係は 23 章で説明されるラマン分光法の基礎となる．

21.1.2 スピン軌道相互作用による微細構造

20 章で示したように，X 線光電子分光法（XPS）において，p, d, f 軌道は分裂したスペクトルが観測される．その分裂を，摂動論を用いて求めよう．電荷をもつ電子の角運動により角運動量に比例した磁場が発生し，その磁場がスピンと相互作用すれば，電子の↑と↓でエネルギーが分裂する．その相互

注4) $|nlm\rangle = R_{nl}(r)Y_{lm}(\theta,\phi)$
1s の波動関数は式(20.46)を参照．

注5) 量子力学（I），小出昭一郎，裳華房(1990) の7.2節を参照．

注6) *Quantum Mechanics 2nd Edition*, E. Merzbacher, John Wiley & Sons(1970) の424ページを参照．

注7) $\langle z \rangle \equiv \langle \psi_{1s} | z | \psi_{1s} \rangle$ で $|\psi_{1s}\rangle$ は式(21.16)で与えられる．

作用は，水素原子の場合，磁場とスピンの向きが平行・反平行で異なり，

$$\hat{H}_{\mathrm{SO}} = \frac{e^2}{4\pi\varepsilon_0}\frac{1}{2m^2c^2}\frac{1}{r^3}\hat{S}\cdot\hat{L} \tag{21.26}$$

注8) 詳しくは，*Introduction to Quantum Mechanics 2nd Edition*, D. J. Griffiths, Cambridge University Press(2016)の6章を参照.

となる(注8)．ここで H_{SO} は**スピン軌道相互作用**(spin orbit coupling)を意味する．

スピンが考慮されているので，20章で簡単に述べた1電子の角運動量を合成した j カップリングによる表示を**内量子数** j を使って表すと，

$$\left|\psi_{n,l,j,m}\right\rangle$$

$$= R_{nl}(r)\left[\sqrt{\frac{(l\mp m+1/2)}{2l+1}}Y_{l,m+1/2}\left|\frac{1}{2},-\frac{1}{2}\right\rangle + \sqrt{\frac{(l\pm m+1/2)}{2l+1}}Y_{l,m-1/2}\left|\frac{1}{2},\frac{1}{2}\right\rangle\right]$$

$$\tag{21.27}$$

となる．$\hat{J}=\hat{L}+\hat{S}$, $\hat{L}\cdot\hat{S}=\frac{1}{2}(\hat{j}^2-\hat{L}^2-\hat{S}^2)$ となり，$\hat{S}^2$ の固有値である $S(S+1)$ $=(1/2)(3/2)=3/4$ を代入すれば，r の動径部分以外の角度部分は

$$\left\langle nljm\left|\hat{L}\cdot\hat{S}\right|nljm\right\rangle = \frac{\hbar^2}{2}\left[j(j+1)-l(l+1)-\frac{3}{4}\right] \tag{21.28}$$

となる．1次の摂動は，

$$E_{\mathrm{SO}}^{(1)} = \left\langle nljm\left|\hat{H}_{\mathrm{SO}}\right|nljm\right\rangle$$

$$= \frac{e^2}{4\pi\varepsilon_0}\frac{1}{2m^2c^2}\frac{\hbar^2}{2}\left[j(j+1)-l(l+1)-\frac{3}{4}\right]\left\langle nl\left|\frac{1}{r^3}\right|nl\right\rangle$$

$$\left\langle nl\left|\frac{1}{r^3}\right|nl\right\rangle = \frac{2}{l(l+1)(2l+1)n^3a_0^3}$$

$$E_{\mathrm{SO}}^{(1)} = \frac{e^2}{4\pi\varepsilon_0}\frac{\hbar^2}{2m^2c^2}\frac{j(j+1)-l(l+1)-\dfrac{3}{4}}{l(l+1)(2l+1)n^3a_0^3} = \frac{2E_n^2}{mc^2}n\frac{j(j+1)-l(l+1)-\dfrac{3}{4}}{l(l+1)(2l+1)}$$

$$\tag{21.29}$$

となる(注8)．

スピン軌道相互作用には，同程度の摂動として電子の運動の相対論的な効果がある．相対論的な電子の運動エネルギーは $\sqrt{\hat{P}^2c^2+m^2c^4}-mc^2$ で与えられるが，$\sqrt{1+x}=1+(1/2)x-(1/8)x^2+\cdots$ を $x\ll 1$ に用いると

$$mc^2\left[\sqrt{1+\left(\frac{\hat{P}}{mc}\right)^2}-1\right] = mc^2\left[1+\frac{1}{2}\left(\frac{\hat{P}}{mc}\right)^2-\frac{1}{8}\left(\frac{\hat{P}}{mc}\right)^4+\cdots-1\right]$$

$$= \frac{\hat{P}^2}{2m}-\frac{\hat{P}^4}{8m^3c^2}+\cdots \tag{21.30}$$

となる．運動エネルギーの相対論の摂動 $\hat{H}_{\mathrm{rel}}$ として

$$\hat{H}_{\mathrm{rel}} = -\frac{\hat{P}^4}{8m^3c^2} \tag{21.31}$$

$$E_{\mathrm{rel}}^{(1)} = -\frac{1}{8m^3c^2}\left\langle nljm\left|\hat{P}^4\right|nljm\right\rangle = -\frac{E_n^2}{2mc^2}\left[\frac{4n}{(l+1/2)}-3\right] \tag{21.32}$$

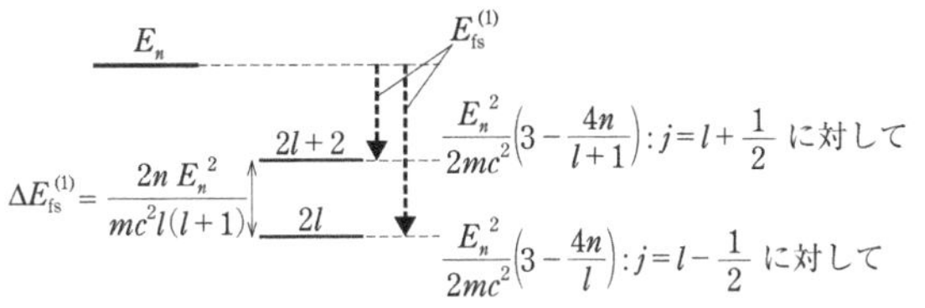

図21.2　スピン軌道相互作用によるエネルギー準位の微細構造

となる．スピン軌道相互作用(式(21.29))と相対論(式(21.32))の双方の効果を加えたものがエネルギー準位の微細構造を与え，

$$E_{\mathrm{fs}}^{(1)} = E_{\mathrm{so}}^{(1)} + E_{\mathrm{rel}}^{(1)} = \frac{E_n^2}{2mc^2}\left(3 - \frac{4n}{(j+1/2)}\right) \tag{21.33}$$

となる[注8]（**図21.2**）．これが，20章で示した光電子スペクトルの微細構造を与える理由である．分裂後の状態が何重に縮退するかは，波動関数を考慮しなくてはならない．1電子の角運動量を合成したjカップリングによる表示の固有状態は，$\hat{j}_z$に対する磁気量子数をmとして，$m = -j, -j+1, -j+2, \cdots, +j$で与えられる．

$l = 0(\mathrm{s}), 1(\mathrm{p}), 2(\mathrm{d}), 3(\mathrm{f})$に対して具体的に考えてみよう．

$$l = 0, \quad j = \frac{1}{2}: \quad m = -\frac{1}{2}, \frac{1}{2}$$

$$l = 1, \quad j = 1 - \frac{1}{2} = \frac{1}{2}: \quad m = -\frac{1}{2}, \frac{1}{2}$$

$$l = 1, \quad j = 1 + \frac{1}{2} = \frac{3}{2}: \quad m = -\frac{3}{2}, -\frac{1}{2}, \frac{1}{2}, \frac{3}{2}$$

$$l = 2, \quad j = 2 - \frac{1}{2} = \frac{3}{2}: \quad m = -\frac{3}{2}, -\frac{1}{2}, \frac{1}{2}, \frac{3}{2} \tag{21.34}$$

$$l = 2, \quad j = 2 + \frac{1}{2} = \frac{5}{2}: \quad m = -\frac{5}{2}, -\frac{3}{2}, -\frac{1}{2}, \frac{1}{2}, \frac{3}{2}, \frac{5}{2}$$

$$l = 3, \quad j = 3 - \frac{1}{2} = \frac{5}{2}: \quad m = -\frac{5}{2}, -\frac{3}{2}, -\frac{1}{2}, \frac{1}{2}, \frac{3}{2}, \frac{5}{2}$$

$$l = 3, \quad j = 3 + \frac{1}{2} = \frac{7}{2}: \quad m = -\frac{7}{2}, -\frac{5}{2}, -\frac{3}{2}, -\frac{1}{2}, \frac{1}{2}, \frac{3}{2}, \frac{5}{2}, \frac{7}{2}$$

となり，$j = l - 1/2$に$2l$重，$j = l + 1/2$に$2l+2$重の縮退となる．

21.2　時間に依存しない摂動論（縮退がある場合）

摂動を受ける前の系がf重に縮退している場合を考えよう．

$$\hat{H}_0 |\phi_{n_\alpha}\rangle = E_n^{(0)} |\phi_{n_\alpha}\rangle, \; \alpha = 1, 2, \ldots, f \tag{21.35}$$

摂動を受けた後は，

$$\left(\hat{H}_0 + \hat{H}_1\right)|\psi_n\rangle = E_n |\psi_n\rangle \tag{21.36}$$

となると仮定する．摂動を受けた後の波動関数は，摂動を受ける前のf個の縮退した波動関数の線形結合で表されるとすると，

$$\left|\psi_n\right\rangle = \sum_{\alpha=1}^{f} c_\alpha \left|\phi_{n_\alpha}\right\rangle \tag{21.37}$$

となる．$\left|\phi_{n_\alpha}\right\rangle$ は正規直交系 $\left\langle\phi_{n_\alpha}\middle|\phi_{n_\beta}\right\rangle = \delta_{\alpha,\beta}$ で，$\left|\psi_n\right\rangle$ も以下のように規格化されているとする．

$$\left\langle\psi_n\middle|\psi_n\right\rangle = \sum_{\alpha=1}^{f}\sum_{\beta=1}^{f} c_\alpha^* c_\beta \left\langle\phi_{n_\alpha}\middle|\phi_{n_\beta}\right\rangle = \sum_{\alpha=1}^{f}\sum_{\beta=1}^{f} c_\alpha^* c_\beta \delta_{\alpha,\beta} = \sum_{\alpha=1}^{f}\left|c_\alpha\right|^2 = 1 \tag{21.38}$$

摂動を受けた後の式を以下のように書き換え，

$$\sum_{\alpha=1}^{f}\left[E_n^{(0)}\left|\phi_{n_\alpha}\right\rangle + \hat{H}_1\left|\phi_{n_\alpha}\right\rangle\right]c_\alpha = E_n \sum_{\alpha=1}^{f} c_\alpha \left|\phi_{n_\alpha}\right\rangle \tag{21.39}$$

左から $\left\langle\phi_{n_\beta}\right|$ を作用させると

$$\sum_{\alpha=1}^{f}\left[E_n^{(0)}\delta_{\alpha,\beta} + \left\langle\phi_{n_\beta}\middle|\hat{H}_1\middle|\phi_{n_\alpha}\right\rangle\right]c_\alpha = E_n\sum_{\alpha=1}^{f} c_\alpha\delta_{\alpha,\beta}$$

$$\sum_{\alpha=1}^{f}\left[\left\langle\phi_{n_\beta}\middle|\hat{H}_1\middle|\phi_{n_\alpha}\right\rangle - \underbrace{(E_n - E_n^{(0)})}_{=E_n^{(1)}}\delta_{\alpha,\beta}\right]c_\alpha = 0,\ \ \beta = 1,2,3,\ldots,f \tag{21.40}$$

注9）演習で学ぶ 科学のための数学，D. S. Sivia, S. G. Rawlings（著），山本雅博，加納健司（訳），化学同人，2018を参照．

となる．これは，いわゆる固有値問題となり，c_α に関して自明でない解は以下の行列式がゼロとなることに等価となる(注9)．つまり，$H_{\alpha\beta}^1 \equiv \left\langle\phi_{n_\alpha}\middle|\hat{H}_1\middle|\phi_{n_\beta}\right\rangle$，$E_n^{(1)} \equiv E_n - E_n^{(0)}$ と定義すると，

$$\begin{vmatrix} H_{11}^1 - E_n^{(1)} & H_{12}^1 & H_{13}^1 & \cdots & H_{1f}^1 \\ H_{21}^1 & H_{22}^1 - E_n^{(1)} & H_{23}^1 & \cdots & H_{2f}^1 \\ \vdots & \vdots & \vdots & \ddots & \vdots \\ H_{f1}^1 & H_{f2}^1 & H_{f3}^1 & \cdots & H_{ff}^1 - E_n^{(1)} \end{vmatrix} = 0 \tag{21.41}$$

となる．この行列式を解いて，（一般には値の異なる）f個の固有値 $E_{n_\alpha}^{(1)}$ を得る．この場合さらに縮退してもよいが，それは固有値問題に依存する．摂動後のエネルギーは，

$$E_{n_\alpha} = E_n^{(0)} + E_{n_\alpha}^{(1)},\ \ \alpha = 1,2,3,\ldots,f \tag{21.42}$$

となり，この固有値 $E_{n_\alpha}^{(1)}$ から以下の固有関数の展開係数 $c_{\alpha\beta}$ を求め，固有関数 $\left|\psi_{n_\alpha}\right\rangle = \sum_{\alpha=1}^{f} c_{\alpha\beta}\left|\phi_{n_\beta}\right\rangle$ を決定することができる．$c_{\alpha\beta}$ は以下の式で，c_α の列ベクトルの要素である．

$$\begin{pmatrix} H_{11}^1 - E_n^{(1)} & H_{12}^1 & H_{13}^1 & \cdots & H_{1f}^1 \\ H_{21}^1 & H_{22}^1 - E_n^{(1)} & H_{23}^1 & \cdots & H_{2f}^1 \\ \vdots & \vdots & \vdots & \ddots & \vdots \\ H_{f1}^1 & H_{f2}^1 & H_{f3}^1 & \cdots & H_{ff}^1 - E_n^{(1)} \end{pmatrix}\begin{pmatrix} c_{\alpha 1} \\ c_{\alpha 2} \\ \vdots \\ c_{\alpha f} \end{pmatrix} = 0 \tag{21.43}$$

一般論だけではイメージをつかみにくいので，以下の例で考えてみよう．

水素原子の $n=2$ 準位は四重 $(2s, 2p_x, 2p_y, 2p_z)$ に縮退している．いま z 方向に電場 E をかけたときのエネルギー準位および波動関数はどのように変化するのかを求める．

摂動は $\hat{H}_1 = eE_z z = \sqrt{\dfrac{4\pi}{3}}\,eEr Y_{1,0}(\theta,\phi)$ と書くことができる．波動関数を $|2,l,m\rangle$ で表すと，球面調和関数の性質から，$\langle 200|\hat{H}_1|210\rangle$，$\langle 210|\hat{H}_1|200\rangle$ 以外はすべてゼロとなる．

$$\langle 200|\hat{H}_1|210\rangle$$

$$=\sqrt{\frac{4\pi}{3}}\,eE\int_0^\infty r^3 R_{20}(r)R_{21}(r)\mathrm{d}r\int_0^\pi \sin\theta\,\mathrm{d}\theta$$

$$\int_0^{2\pi}\mathrm{d}\phi\underbrace{Y_{0,0}(\theta,\phi)}_{=1/\sqrt{4\pi}}Y_{1,0}^*(\theta,\phi)Y_{1,0}(\theta,\phi)$$

$$=\frac{1}{\sqrt{3}}eE\int_0^\infty r^3 R_{20}(r)R_{21}(r)\mathrm{d}r\underbrace{\int_0^\pi \sin\theta\,\mathrm{d}\theta\int_0^{2\pi}\mathrm{d}\phi Y_{1,0}^*(\theta,\phi)Y_{1,0}(\theta,\phi)}_{=1}$$

$$=\frac{1}{\sqrt{3}}eE\int_0^\infty r^3\frac{1}{\sqrt{2a_0^3}}\left(1-\frac{r}{2a_0}\right)e^{-r/2a_0}\frac{1}{\sqrt{6a_0^3}}\frac{r}{2a_0}e^{-r/2a_0}\,\mathrm{d}r$$

$$=\frac{1}{6a_0^3}eE\int_0^\infty\left(1-\frac{r}{2a_0}\right)\frac{r^4}{2a_0}e^{-r/a_0}\,\mathrm{d}r=\frac{eE}{12a_0^4}\int_0^\infty\left(1-\frac{r}{2a_0}\right)r^4 e^{-r/a_0}\,\mathrm{d}r=(*)$$

$$\tag{21.44a}$$

$x=r/a_0$, $r^4=x^4 a_0^4$, $\mathrm{d}x=\mathrm{d}r/a_0$ を使って，

$$(*)=\frac{eE}{12a_0^4}a_0^5\int_0^\infty\left(1-\frac{x}{2}\right)x^4 e^{-x}\mathrm{d}x=\frac{eE}{12}a_0\left(\int_0^\infty x^4 e^{-x}\,\mathrm{d}x-\frac{1}{2}\int_0^\infty x^5 e^{-x}\,\mathrm{d}x\right)$$

$$=\frac{eE}{12}a_0\left[\Gamma(5)-\frac{1}{2}\Gamma(6)\right]=\frac{eE}{12}a_0\left(4!-5!/2\right)=-3eEa_0 \tag{21.44b}$$

ここで，Γ はガンマ関数で $\Gamma(n)=(n-1)!$ である．

四重縮退の状態 $|200\rangle$，$|211\rangle$，$|210\rangle$，$|21\text{-}1\rangle$ をそれぞれ状態 1, 2, 3, 4 とし，$E_{n_\alpha}^{(1)}=\varepsilon$ とおくと，行列式は

$$\begin{vmatrix} -\varepsilon & 0 & -3eEa_0 & 0 \\ 0 & -\varepsilon & 0 & 0 \\ -3eEa_0 & 0 & -\varepsilon & 0 \\ 0 & 0 & 0 & -\varepsilon \end{vmatrix}=0 \tag{21.45}$$

となる．

4×4 の行列式を求めると（注 10），固有値は $\varepsilon_1=-3eEa_0$，$\varepsilon_{2,3}=0$，$\varepsilon_4=+3eEa_0$ となり，四重に縮退していた準位は縮退が解ける．**図 21.3** にそのエネルギー準位を示す．また，固有関数（注 11）は，

注 10) Web 21-2 を参照．

注 11) Web 21-2 を参照．

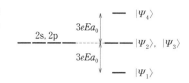

図21.3 四重に縮退した $n=2$ 準位の電場 E による摂動

$$|\psi_1\rangle = \frac{1}{\sqrt{2}}\Big(|200\rangle + |210\rangle\Big),$$
$$|\psi_2\rangle = |211\rangle,$$
$$|\psi_3\rangle = |21\text{-}1\rangle, \tag{21.46}$$
$$|\psi_4\rangle = \frac{1}{\sqrt{2}}\Big(|200\rangle - |210\rangle\Big)$$

となる．状態 2 と状態 3 ではエネルギー準位は変わらず，状態 1 と状態 4 ではエネルギー準位は変化することとなった．状態 1 と状態 4 の双極子モーメント $-e\langle z\rangle$ を求めてみると，

$$-e\langle z\rangle = \langle \psi_1|z|\psi_1\rangle = \frac{1}{2}\underbrace{\langle 200|z|200\rangle}_{=0} + \langle 200|z|210\rangle + \frac{1}{2}\underbrace{\langle 210|z|210\rangle}_{=0} = -3ea_0$$

$$-e\langle z\rangle = \langle \psi_4|z|\psi_4\rangle = \frac{1}{2}\underbrace{\langle 200|z|200\rangle}_{=0} - \langle 200|z|210\rangle + \frac{1}{2}\underbrace{\langle 210|z|210\rangle}_{=0} = +3ea_0$$

$$\tag{21.47}$$

となり，z 方向の電場 E と双極子 μ が相互作用して，$\mu E = 3ea_0 E$ のエネルギー変化を受けているのである．

コラム21.1 ┃ **波動力学と行列力学**

　本章では，行列や行列式などの表現が多く出てくるが，これは量子力学がシュレーディンガーの波動力学とハイゼンベルクの行列力学から発展してきたことと関連がある．当初両者の理論は相容れないものとされたが，その後量子力学を異なる見方で解釈したものとして完全な対応がつけられた．

　特に，18 章で述べられた非可換の演算子 $\hat{A}, \hat{B}$ は $(\hat{A}\hat{B})\Psi \neq (\hat{B}\hat{A})\Psi$ と書かれるが，これは行列のかけ算が一般に $\mathbf{AB} \neq \mathbf{BA}$ となることに対応する．このことは，右のイラストがわかりやすい．すなわち，行列 $\mathbf{A}, \mathbf{B}$ を回転

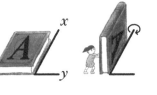

行列にする．$\mathbf{A}$ は x 軸まわり 90 度回転，$\mathbf{B}$ は y 軸まわり 90 度回転とする．$\mathbf{A}$ と $\mathbf{B}$ を作用させる順番を入れ替えると，本の最終的な向きは同じとならない．

21.3　変分法

　いま関数 f の関数を $I[f]$ とする．関数の関数は**汎関数**（functional）と呼ばれ，汎関数の変化を**変分**（variation）という．関数の最小値（最大値）を求めるときに関数の微分法を使うように，汎関数の最小値（最大値）を求めるときに**変分法**（Rayleigh-Ritz method）を使う．エネルギーは波動関数の関数であり，波動関数を変化させてエネルギーの最小値である**基底状態**（ground state）を

変分法を用いて探す.

　系の固有状態の中で最もエネルギーの低い基底状態を考える. 基底状態の波動関数 ψ_0 とエネルギー E_0 は, 以下のシュレーディンガー方程式で与えられる.

$$\hat{H}|\psi_0\rangle = E_0|\psi_0\rangle \tag{21.48}$$

　ψ_0 が必ずしも規格化されていないとすれば, 左から $\langle\psi_0|$ を作用させて整理すると,

$$E_0 = \frac{\langle\psi_0|\hat{H}|\psi_0\rangle}{\langle\psi_0|\psi_0\rangle} \tag{21.49}$$

となる. いま ψ_0 を他の波動関数(近似した波動関数)ψ に置き換えて, エネルギーを

$$E_\psi = \frac{\langle\psi|\hat{H}|\psi\rangle}{\langle\psi|\psi\rangle} \tag{21.50}$$

とすると,

$$E_\psi \geq E_0 \tag{21.51}$$

という関係が成立する. これは, 近似した波動関数 ψ を以下のように展開できるとすれば理解できる.

$$\psi = \sum_n c_n|\phi_n\rangle$$
$$E_\psi = \frac{\displaystyle\sum_m\sum_n c_m^* c_n\langle\phi_m|\hat{H}|\phi_n\rangle}{\displaystyle\sum_m\sum_n c_m^* c_n\langle\phi_m|\phi_n\rangle} = \frac{\displaystyle\sum_n |c_n|^2 E_n}{\displaystyle\sum_n |c_n|^2} \geq \frac{E_0\displaystyle\sum_n |c_n|^2}{\displaystyle\sum_n |c_n|^2} = E_0 \tag{21.52}$$

ここで $|\phi_n\rangle$ は $\hat{H}$ の固有関数で規格直交化されているものとする. また, $\langle\phi_m|\phi_n\rangle = \delta_{m,n}$, $\hat{H}|\phi_n\rangle = E_n|\phi_n\rangle$ を用いた.

　以上より, E_ψ を最小化することができれば, 基底状態のエネルギー E_0 が求められる.

　いま簡単のために, ψ は有限個の c_n, χ_n で近似できるとし, c_n, χ_n は実数および実数の関数であるとしよう.

$$\psi = \sum_{n=1}^{N} c_n\chi_n \tag{21.53}$$

ただし, χ_n は規格直交化していないし, $\hat{H}$ の固有関数でもない. したがって,

$$\langle\psi|\psi\rangle = \sum_{m=1}^{N}\sum_{n=1}^{N} c_m c_n S_{mn}, \quad S_{mn} = \langle\chi_m|\chi_n\rangle, \quad S_{mn} = S_{nm}$$
$$\langle\psi|\hat{H}|\psi\rangle = \sum_{m=1}^{N}\sum_{n=1}^{N} c_m c_n H_{mn}, \quad H_{mn} = \langle\chi_m|\hat{H}|\chi_n\rangle, \quad H_{mn} = H_{nm} \tag{21.54}$$

となる. 具体的に考えるために, $N=3$ の場合を考えよう.

$$E_\psi = \frac{\displaystyle\sum_{m=1}^{3}\sum_{n=1}^{3} c_m c_n H_{mn}}{\displaystyle\sum_{m=1}^{3}\sum_{n=1}^{3} c_m c_n S_{mn}} \tag{21.55}$$

$$= \frac{c_1^2 H_{11} + 2c_1 c_2 H_{12} + 2c_1 c_3 H_{13} + c_2^2 H_{22} + 2c_2 c_3 H_{23} + c_3^2 H_{33}}{c_1^2 S_{11} + 2c_1 c_2 S_{12} + 2c_1 c_3 S_{13} + c_2^2 S_{22} + 2c_2 c_3 S_{23} + c_3^2 S_{33}}$$

$E_\psi = E_\psi(c_1, c_2, c_3)$ とみなして，エネルギー最小値（基底状態）を見つけるには，$\partial E_\psi / \partial c_1 = \partial E_\psi / \partial c_2 = \partial E_\psi / \partial c_3 = 0$ とすればよい．E_ψ の式の右辺の分母を両辺に乗じて，全体を c_1, c_2, c_3 で偏微分する．その結果を行列の形でまとめると，

$$\begin{pmatrix} H_{11} - ES_{11} & H_{12} - ES_{12} & H_{13} - ES_{13} \\ H_{12} - ES_{12} & H_{22} - ES_{22} & H_{23} - ES_{23} \\ H_{13} - ES_{13} & H_{23} - ES_{23} & H_{33} - ES_{33} \end{pmatrix} \begin{pmatrix} c_1 \\ c_2 \\ c_3 \end{pmatrix} = 0 \tag{21.56}$$

注12) Web 21-2を参照．

となる（演習問題 21.6）．c_i が意味のある値をもつには，以下の行列式がゼロになることである(注12)．この行列式を求めて固有値を求め，固有値から固有関数を求める方法も Web 21-2 に示した．$n, m = 1, 2, 3$ の場合の行列式を以下に示す．

$$\begin{vmatrix} H_{11} - ES_{11} & H_{12} - ES_{12} & H_{13} - ES_{13} \\ H_{12} - ES_{12} & H_{22} - ES_{22} & H_{23} - ES_{23} \\ H_{13} - ES_{13} & H_{23} - ES_{23} & H_{33} - ES_{33} \end{vmatrix} = 0 \tag{21.57}$$

$N = 3$ を一般化すると，以下のように表される．

$$\begin{vmatrix} H_{11} - ES_{11} & H_{12} - ES_{12} & \cdots & H_{1N} - ES_{1N} \\ H_{12} - ES_{12} & H_{22} - ES_{22} & \cdots & H_{2N} - ES_{2N} \\ \vdots & \vdots & \ddots & \vdots \\ H_{1N} - ES_{1N} & H_{2N} - ES_{2N} & \cdots & H_{NN} - ES_{NN} \end{vmatrix} = 0 \tag{21.58}$$

この式を**永年方程式**（secular equation, secular determinant）という．解析解を得るのに永遠（永年）の時間がかかるという意味ではなく，天体の長い時間にわたる運動を摂動論で追跡する式と同じため，この名前が使われたということらしい．

以下，変分法の応用として，水素分子カチオン，2原子分子の一般論，等核2原子分子，異核2原子分子，多原子分子などについて述べる．

21.4 水素分子カチオンH_2^+

常温常圧で，水素は原子の形で存在するのではなく，水素分子 H_2 となる．水素分子は電子を2つもち，電子間の相互作用があり解析的に解くのは容易ではない．そこで簡単のために，電子間相互作用が原理的にない1電子系である水素分子カチオン H_2^+ の安定化エネルギーはどのように説明されるのかを考えてみよう．

水素原子 A の 1s 軌道の波動関数 $\chi_{1s,A}$ が A のまわりで規格化されているとする．A から R 離れたところに水素原子 B がある．水素原子 B の 1s 軌道の波動関数 $\chi_{1s,B}$ が B のまわりで規格化されているとする．水素分子カチオン H_2^+ の波動関数 ψ は 2 つの水素原子の波動関数の重ね合わせで近似でき，

$$\psi = c_A \chi_{1s,A} + c_B \chi_{1s,B} \tag{21.59}$$

で与えられる．変分法を使うと，永年方程式は式(21.58)に示したように

$$\begin{vmatrix} H_{AA} - ES_{AA} & H_{AB} - ES_{AB} \\ H_{AB} - ES_{AB} & H_{BB} - ES_{BB} \end{vmatrix} = 0 \tag{21.60}$$

となる．ここで，式(21.54)で示した重なり積分（波動関数の重なり）は，

$$S_{AA} = S_{BB} = \langle \chi_{1s,A} | \chi_{1s,A} \rangle = \langle \chi_{1s,B} | \chi_{1s,B} \rangle = 1, \ S_{AB} = \langle \chi_{1s,A} | \chi_{1s,B} \rangle = S \tag{21.61}$$

と書かれ，水素分子カチオンの場合，H–H 間の距離 $\tilde{R} = R/a_0$ の無次元量で，S は

$$S(\tilde{R}) = e^{-\tilde{R}} \left(1 + \tilde{R} + \frac{\tilde{R}^2}{3} \right) \tag{21.62}$$

となる（演習問題21.7）^(注13)．**図 21.4** に，それぞれの水素原子の波動関数とその重なり具合を示す．H–H 間の距離 R がゼロのとき重なり積分 S は 1 で，R が大きくなると S は減少することがわかる（**図 21.5**）．

また，ハミルトニアンの行列要素 H_{AA}, H_{BB}, H_{AB} は以下のようになる．

$$H_{AA} = \langle \chi_{1s,A} | \hat{H} | \chi_{1s,A} \rangle = H_{BB} = \langle \chi_{1s,B} | \hat{H} | \chi_{1s,B} \rangle = \varepsilon_{1s} + J$$

$$H_{AB} = \langle \chi_{1s,A} | \hat{H} | \chi_{1s,B} \rangle = \varepsilon_{1s} \langle \chi_{1s,A} | \chi_{1s,B} \rangle + \langle \chi_{1s,A} | \hat{H}' | \chi_{1s,B} \rangle = \varepsilon_{1s} S + K \tag{21.63}$$

ここで，J は A (or B) の波動関数への B (or A) からの影響すなわち A の電子と核 B との静電相互作用と核間反発を示す**クーロン積分**である．水素分子に 1 電子が存在する水素分子カチオン H_2^+ の場合は，H–H 間の距離 R で J

注13）演習問題21.7は難問である．物理化学（上），D. A. McQuarrie, J. D. Simon（著），千原秀昭，江口太郎，齋藤一弥（訳），東京化学同人(1999)を参照．また，Web 21-1 も参照．

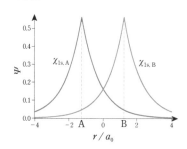

図21.4　各水素原子の波動関数の重なり

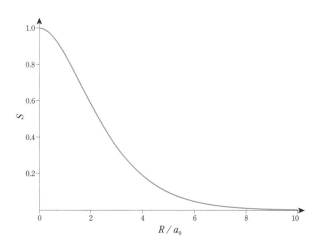

図21.5　重なり積分 S の H–H 間の距離依存性

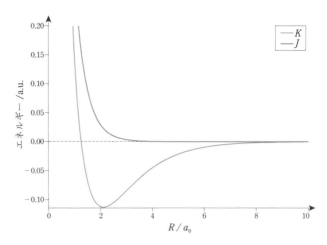

図21.6　クーロン積分 J・交換積分 K の H–H 間の距離依存性

注14)演習問題21.8は難問である．物理化学(上)，D. A. McQuarrie, J. D. Simon(著)，千原秀昭，江口太郎，齋藤一弥(訳)，東京化学同人(1999)を参照．また，|Web|21-1も参照．

注15)正確には，パウリの排他律により同じ状態を2つの同じ向きのスピンが占有できないが，反対向きのスピンは占有できるため電子間にはこの交換相互作用が働く．

注16)演習問題21.9は難問である．物理化学(上)，D. A. McQuarrie, J. D. Simon(著)，千原秀昭，江口太郎，齋藤一弥(訳)，東京化学同人(1999)を参照．また，|Web|21-1も参照．

は以下のように書かれる（**図21.6**）（演習問題21.8）(注14)．

$$J(\tilde{R}) = e^{-2\tilde{R}}\left(1 + \frac{1}{\tilde{R}}\right) \tag{21.64}$$

また，H' は原子波動関数に作用して固有値 ε_{1s} を取り出す以外の演算子の成分である．K は**交換積分**と呼ばれ，古典的なアナロジーができない量子力学的な相互作用であり(注15)，水素分子に1電子が存在する水素分子カチオン H_2^+ の場合，H–H 間の距離 R で

$$K(\tilde{R}) = \frac{S(\tilde{R})}{\tilde{R}} - e^{-\tilde{R}}\left(1 + \tilde{R}\right) \tag{21.65}$$

と書かれる（演習問題21.9）(注16)．J と K の距離依存性を図21.6に示す．ここで，J と K はエネルギーの単位をもち，原子単位(1 h = 1 a.u. = 27.21138595 eV)で表される．

よって，永年方程式は

$$\begin{vmatrix} \varepsilon_{1s} + J - E & \varepsilon_{1s}S + K - ES \\ \varepsilon_{1s}S + K - ES & \varepsilon_{1s}S + J - E \end{vmatrix} = 0 \tag{21.66}$$

となり，これを解くと

$$E_1 = \varepsilon_{1s} + \frac{J+K}{1+S}, \quad E_2 = \varepsilon_{1s} + \frac{J-K}{1-S} \tag{21.67}$$

となる．

平衡 H–H 間距離における E_1 と E_2 を**図21.7**に示す．E_1 はエネルギーが下がり，E_2 はエネルギーが上がる．E_1 は結合性，E_2 は反結合性となることを以下で示す．**図21.8**より，交換積分 K が E_1 状態の水素分子のエネルギー安定化，すなわち水素分子の共有結合性の物理的な原因を示す．一方，E_2 状態では $-K$ の寄与が働く．これは安定化に寄与せず，むしろ不安定化に寄与する（**図21.9**）．

それぞれの固有値に対する固有関数を求め，共有結合性についてもう少し考えてみよう．水素分子カチオン H_2^+ の波動関数の規格化条件は，

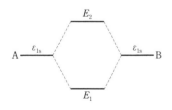

図21.7　平衡 H–H 間距離における結合性軌道の固有値 E_1 と反結合性軌道の固有値 E_2

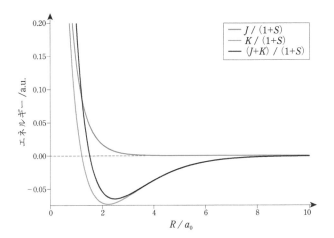

図21.8 結合性軌道の固有値 E_1 の H–H 間の距離依存性

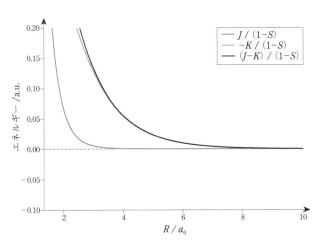

図21.9 反結合性軌道の固有値 E_2 の H–H 間の距離依存性

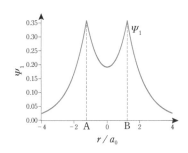

図21.10 水素分子カチオンの基底状態における結合性軌道の波動関数

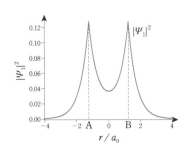

図21.11 水素分子カチオンの基底状態における結合性軌道の存在確率

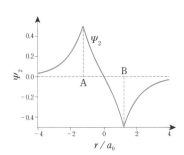

図21.12 水素分子カチオンの基底状態における反結合性軌道の波動関数

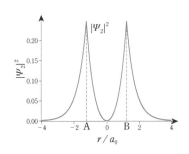

図21.13 水素分子カチオンの基底状態における反結合性軌道の存在確率

$$
\underbrace{\langle \psi | \psi \rangle}_{=1} = \Big(c_A \langle \chi_A | + c_B \langle \chi_B | \Big) \Big(c_A | \chi_A \rangle + c_B | \chi_B \rangle \Big)
$$

$$
= c_A^2 \underbrace{\langle \chi_A | \chi_A \rangle}_{=1} + 2 c_A c_B \underbrace{\langle \chi_A | \chi_B \rangle}_{=S} + c_B^2 \underbrace{\langle \chi_A | \chi_A \rangle}_{=1} \tag{21.68}
$$

$$
c_A^2 + 2 c_A c_B S + c_B^2 = 1
$$

となる．固有関数は

$$
E_1 : c_A - c_B = 0, \; c_A = \frac{1}{\sqrt{2(1+S)}}, \; \psi_1 = \frac{1}{\sqrt{2(1+S)}} \left(\chi_{1s,A} + \chi_{1s,B} \right) \tag{21.69}
$$

$$
E_2 : c_A + c_B = 0, \; c_A = \frac{1}{\sqrt{2(1-S)}}, \; \psi_2 = \frac{1}{\sqrt{2(1-S)}} \left(\chi_{1s,A} - \chi_{1s,B} \right) \tag{21.70}
$$

となる．それぞれの波動関数および確率密度を**図 21.10 ～図 21.13** に示す．

波動関数 ψ_1 は**結合性軌道**（bonding orbital）と呼ばれる．球対称波動関数が 2 つ重なって原子をつなぐ分子軸方向にできる共有結合は **σ 結合**と呼ばれ，結合軌道の場合分子軸の中点から見て点対称なのでドイツ語の gerade

を使って σ_g 結合と書かれる．

　H–H の分子間に電子密度の高い領域が存在する．この領域では電子のポテンシャルが低くエネルギーが安定化することが共有結合の本質であるということがよくいわれるが，上の J と K の議論から，正しくないことがわかる．結合性軌道の K の寄与が大きい．

　波動関数 ψ_2 は**反結合性軌道**(anti-bonding orbital)といわれる．分子軸の途中に波動関数がゼロになる節(ふし，node)が現れている．節では存在確率は 0 となる．節が現れると一般にエネルギーは高くなり，節が現れることによって波動関数が大きく変化して，運動エネルギー(微分演算子に相当する)が大きくなるためであるという説明もよくあるが，上の議論から交換積分 K の K から $-K$ への符号反転がその本質であることがわかる．この反結合性軌道は，分子軸上の点(H と H の中点)での反転に対して波動関数の符号を反転するので，ドイツ語の ungerade の頭文字をとって，σ_u 結合と呼ぶ．水素分子カチオンでは σ_g 結合レベルに 1 電子，水素分子では σ_g 結合レベルに 2 電子(パウリの排他律よりアップスピンとダウンスピンの 1 対)が入ることになる．

21.5　2原子分子：一般論

　これまでは 1s 軌道間の結合・反結合を考えてきたが，本節ではエネルギー固有値が異なる 2 つの原子 AB の原子軌道間の結合・反結合を考えよう．

　永年方程式は，

$$\begin{vmatrix} \varepsilon_A - E & \beta - ES \\ \beta \; ES & \varepsilon_B - E \end{vmatrix} = 0 \tag{21.71}$$

で与えられる．ここで，以下の記号を使った．

$$\varepsilon_A = \langle \chi_A | \hat{H} | \chi_A \rangle, \; \varepsilon_B = \langle \chi_B | \hat{H} | \chi_B \rangle, \; \beta = \langle \chi_A | \hat{H} | \chi_B \rangle = \langle \chi_B | \hat{H} | \chi_A \rangle,$$

$$S = \langle \chi_A | \chi_B \rangle = \langle \chi_B | \chi_A \rangle \tag{21.72}$$

　永年方程式は，

$$(1 - S^2) E^2 + (2\beta S - \varepsilon_A - \varepsilon_B) E + \varepsilon_A \varepsilon_B - \beta^2 = 0 \tag{21.73}$$

となる．重なり積分 S を無視できるとすると，

$$\begin{aligned} E &= \frac{\varepsilon_A + \varepsilon_B \pm \sqrt{(\varepsilon_A + \varepsilon_B)^2 - 4\varepsilon_A \varepsilon_B + 4\beta^2}}{2} \\ &= \frac{\varepsilon_A + \varepsilon_B \pm \sqrt{(\varepsilon_A - \varepsilon_B)^2 + 4\beta^2}}{2} \end{aligned} \tag{21.74}$$

と展開できる．以下の 2 つの場合を考える．

$$\varepsilon_A = \varepsilon_B, \ E = \varepsilon_A \pm \beta$$

$$\varepsilon_A \neq \varepsilon_B, \ E = \frac{\varepsilon_A + \varepsilon_B}{2} \pm \frac{\varepsilon_A - \varepsilon_B}{2} \sqrt{1 + 4\frac{\beta^2}{(\varepsilon_A - \varepsilon_B)^2}}$$

$$\simeq \frac{\varepsilon_A + \varepsilon_B}{2} \pm \frac{\varepsilon_A - \varepsilon_B}{2}\left[1 + 2\frac{\beta^2}{(\varepsilon_A - \varepsilon_B)^2} + \cdots\right]$$

$$= \frac{\varepsilon_A + \varepsilon_B}{2} \pm \frac{\varepsilon_A - \varepsilon_B}{2} \pm \frac{\beta^2}{\varepsilon_A - \varepsilon_B} + \cdots$$

$$= \varepsilon_A + \frac{\beta^2}{\varepsilon_A - \varepsilon_B} + \cdots, \ \varepsilon_B - \frac{\beta^2}{\varepsilon_A - \varepsilon_B} + \cdots \qquad (21.75)$$

A, B の原子系でエネルギー固有値が等しい**等核2原子分子**の場合は水素分子と同じ結果となるが，**異核2原子分子**のようにエネルギー固有値の差が大きい場合は，エネルギーの安定化は非常に小さいものとなりエネルギー的に安定な分子軌道はできない．

21.6　等核2原子分子

次に，原子系で同じエネルギー固有値をもつ軌道が分子軌道を形成する等核2原子分子を今後は考えよう．

1s, 2s, 3s 軌道どうしの結合は，1s 軌道どうしの σ_g，σ_u 結合と基本的には変わりはない．では，2p 軌道どうしの結合を考えよう．**図21.14** に示すように，6つの結合パターンが考えられる．分子の結合軸（原子核を結ぶ方向が結合軸である）を z 軸方向にとる．赤は波動関数がプラス（＋）で，青はマイナス（−）であることを示す．

z 軸方向に，p_z 軌道が2つ並ぶと軸対称の結合性 $\sigma_g(p_z - p_z)$ 軌道と反結合

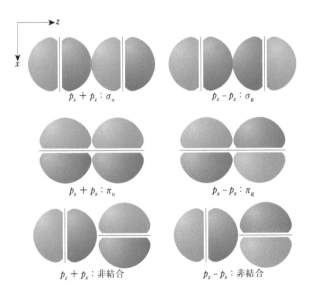

図21.14　2つの p 軌道による結合（bonding），反結合（antibonding），非結合（non-bonding）

σ 結合では結合性軌道が gerade（偶対称・反転対称）で反結合性軌道が ungerade（奇対称・反転反対称）であるが，π 軌道では結合性軌道が ungerade で反結合性軌道が gerade である．

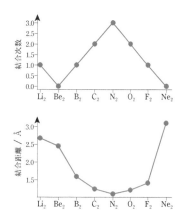

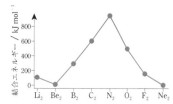

図21.15 Li$_2$, Be$_2$, B$_2$, C$_2$, N$_2$, O$_2$, F$_2$, Ne$_2$の結合次数，結合距離，結合エネルギー

物理化学(上)，D. A. McQuarrie, J. D. Simon (著)，千原秀昭，江口太郎，齋藤一弥(訳)，東京化学同人(1999)の表9.2のデータをもとに作成

性$\sigma_\mathrm{u}(p_z+p_z)$軌道が生成される．結合性$\sigma_\mathrm{g}(p_z-p_z)$軌道では節は2ヵ所と原子軌道の節の数と変化しないが，反結合性$\sigma_\mathrm{u}(p_z+p_z)$軌道では節の数が3ヵ所となる．次に，$p_x$軌道が2つ並ぶと$z$軸を挟んで$+x$方向と$-x$方向で結合性の$\pi_\mathrm{u}$軌道$(p_x+p_x)$と反結合性の$\pi_\mathrm{g}$軌道$(p_x-p_x)$が生成される．$\pi$軌道では結合性軌道がungerade(奇対称・反転反対称)で反結合性軌道がgerade(偶対称・反転対称)であることに注意する(σ軌道とは逆)．π_u軌道では節の数は2ヵ所であり，π_g軌道では4ヵ所となる．結合性のπ_u軌道(p_y+p_y)と反結合性のπ_g軌道(p_y-p_y)も同じ状況となる．

z軸方向に，p_z軌道とp_x軌道が2つ並ぶとp_z+p_xおよびp_z-p_x軌道ともに結合性と反結合性がp_x軌道側で半々混合されて，エネルギーが安定化も不安定化もしない，いわゆる**非結合性**(non-bonding)**軌道**となる．p_z+p_y，p_x+p_yおよびp_z-p_y，p_x-p_yも同じ状況となる．

結合性軌道と反結合性軌道の性質が，総合として分子間の結合の強さを決める．その指標として，以下のように定義される**結合次数**(order of a bond)という概念がある．

$$結合次数 \equiv$$
$$[結合性軌道に存在する電子数 - 反結合性軌道に存在する電子数]/2$$
$$(21.76)$$

例を挙げると，H$_2^+$では1/2，H$_2$で1，He$_2^+$で1/2，He$_2$で0となる．

さらには，Li$_2$, Be$_2$, B$_2$, C$_2$, N$_2$, O$_2$, F$_2$, Ne$_2$に関して，結合次数(理論)，結合距離，結合エネルギーを**図21.15**に示す．Li$_2$は電子配置が1s^{2}2s^{1}となりH$_2$と同じ結合次数は1となるが，Be$_2$では電子配置が1s^{2}2s^{2}となり，2sから結合性軌道と反結合性軌道に1電子ずつ移行するので結合次数は0になる．B$_2$からNe$_2$では2p軌道に1電子ずつ入り，結合次数は増加し，N$_2$で最大となる．N$_2$では，$\sigma_\mathrm{g}(p_z-p_z)$，$\pi_\mathrm{u}(p_x+p_x)$，$\pi_\mathrm{u}(p_y+p_y)$に片方の原子から1電子ずつ入るので結合次数は3(三重結合)となる．

アンモニア合成の窒素固定化の反応で，この窒素の三重結合を切らないと反応が進まないが，触媒である鉄の表面でd軌道と窒素のp軌道の相互作用で切断され，その過程が反応の律速段階となる．結合次数が大きくなるにつれ，結合距離は短くなり，結合エネルギーは大きくなる傾向が図21.15より読みとれる．

21.7 異核2原子分子

等核2原子分子の場合，結合を作るのは基本的に同じ軌道の原子どうしであった．異核2原子分子の場合，例えば，A原子のs軌道とB原子のp軌道のエネルギー準位が一致する場合も考えられるので，同じ軌道どうしが分子軌道を作るという制限はなくなる．

図21.16のように例えばHFの場合，水素の1s軌道とフッ素の$-2p_z$が結合性軌道を形成し，水素の1sとフッ素の$+2p_z$が反結合性軌道を形成する．

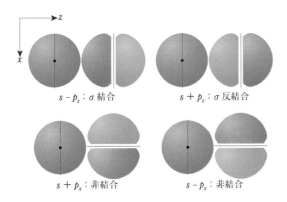

$s - p_z : \sigma$ 結合 $s + p_z : \sigma$ 反結合

$s + p_x :$ 非結合 $s - p_x :$ 非結合

図21.16 異核2原子分子のσ結合, σ反結合, 非結合軌道

σ結合では結合性軌道が gerade (偶対称・反転対称) で反結合性が ungerade (奇対称・反転反対称) であるが, π軌道では結合性軌道が ungerade で反結合性軌道が gerade である.

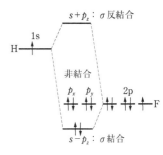

図21.17 HF分子のエネルギー準位

1s と $2p_x, 2p_y$ は非結合性軌道となる. フッ素のほうが水素より電気陰性度が大きいためフッ素が負の電荷をもつ. **図 21.17** に示すように, 価電子が水素からフッ素に流れ込むには, フッ素原子の 2p 軌道のエネルギーが水素の 1s 軌道よりも低エネルギーにあることが必要である. 結合性軌道に 2 電子が入り, 反結合性軌道に電子は入っていないので, 結合次数は $(2-0)/2 = 1$ となる.

これらの分子軌道は実験的にも観測される. 気体にエネルギー$h\nu$の紫外線を照射すると, その光のエネルギーが十分大きいと, 分子よりエネルギー$h\nu - E_b$の光電子が放出される. ここで, E_bは分子内の占有電子の束縛エネルギーを表す. その光電子のエネルギーを測定すると, 電子のエネルギー準位とその電子占有数が観測できる. H_2分子, N_2分子, HCl分子(HF分子と基本的に等価)の電子エネルギー準位の光電子分光測定結果[注17]と, ここで得られた結果は一致する.

注17) https://chem.libretexts.org/Bookshelves/Physical_and_Theoretical_Chemistry_Textbook_Maps/Map%3A_Physical_Chemistry_(McQuarrie_and_Simon)/10%3A_Bonding_in_Polyatomic_Molecules/10.4%3A_Photoelectron_Spectroscopy

21.8 多原子分子：LCAO（Linear Combination of Atomic Orbitals）理論

多くの原子(原子種が異なる場合も含む)については, ここまで説明したような分子の波動関数を原子の波動関数の重ね合わせとして近似する計算方法と, いろいろな波数(3次元ではベクトル量)をもつ平面波(3次元の正弦波と考えてよい)の重ね合わせによる計算方法がある.

前者の方法は, Linear Combination of Atomic Orbitals の略で **LCAO** と呼ばれ, 軌道の数を増やしても単純に収束しないという欠点はあるものの多くの量子化学計算に用いられている. 後者の方法は, 周期的な構造をもつ固体の計算によく用いられており, 実空間ではなく波の性質を, 逆格子空間フーリエ変換を使って解かれる**バンド計算**ともいわれる. 以降は, LCAO を使った解析解について述べる. 実際の量子化学やバンド計算における数値計算は 22 章で述べる.

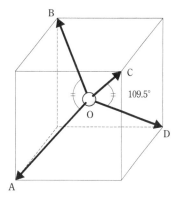

図21.18 sp³混成軌道（ダイヤモンド）の結合方向
立方体の中心 O から4つの頂点 A,B,C,D に向かう．AOB, COD 結合角は 109.5° で，AOD 面と BOC の2面角は 90° である．

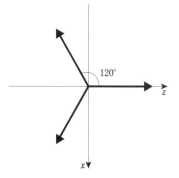

図21.19 sp²混成軌道の結合方向
3つの結合軸は同一平面内にあり，互いの結合角は 120° である．

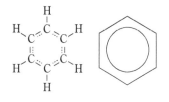

図21.20 ベンゼンの構造式

図21.21 ベンゼンの構造式

21.9 混成軌道

炭素から構成されるダイヤモンドでは，互いに4本の共有結合で結合し，その結合角は角度 109.5° であり，2面角（AOD 平面と BOC 平面のなす角）は 90° である（**図21.18**）．メタン CH_4 でも同じ状況である．炭素原子の電子配置は，$1s^2 2s^2 2p^2$ と最外殻は2電子しかなく等価な4本の結合を作るには，「*身を捨ててこそ浮かぶ瀬もあれ*」という考え方を使う．すなわち，2s 準位にある電子を 2p 軌道に励起することによって一時的にエネルギーを損失するが，4本の共有結合を作ることによってより多くのエネルギーを安定化させることができる．その軌道は，以下のような線形結合で表される．

$$\left|sp^3, 1\right\rangle = \frac{1}{2}\left(\left|2s\right\rangle + \left|2p_x\right\rangle + \left|2p_y\right\rangle + \left|2p_z\right\rangle\right)$$

$$\left|sp^3, 2\right\rangle = \frac{1}{2}\left(\left|2s\right\rangle - \left|2p_x\right\rangle - \left|2p_y\right\rangle + \left|2p_z\right\rangle\right)$$

$$\left|sp^3, 3\right\rangle = \frac{1}{2}\left(\left|2s\right\rangle + \left|2p_x\right\rangle - \left|2p_y\right\rangle - \left|2p_z\right\rangle\right) \tag{21.77}$$

$$\left|sp^3, 4\right\rangle = \frac{1}{2}\left(\left|2s\right\rangle - \left|2p_x\right\rangle + \left|2p_y\right\rangle - \left|2p_z\right\rangle\right)$$

これは **sp³混成軌道** と呼ばれる．それぞれは正規直交波動関数であることが容易に示せる（演習問題 21.12）．混成軌道の概念はあくまで後づけであることを強調しておきたい．どのような軌道になるのかを事前に用意するのは，実はおかしな話であって，22章で述べるような全エネルギーが最小になっているときの LCAO の各係数から自然に軌道は求められるものである．4本の結合は σ 結合となる．

グラファイトやエチレンなどの平面状の結合角 120° の混成軌道は **sp²混成軌道** と呼ばれる（**図21.19**）．

$$\left|sp^2, 1\right\rangle = \frac{1}{\sqrt{3}}\left|2s\right\rangle + \sqrt{\frac{2}{3}}\left|2p_z\right\rangle$$

$$\left|sp^2, 2\right\rangle = \frac{1}{\sqrt{3}}\left|2s\right\rangle - \frac{1}{\sqrt{6}}\left|2p_z\right\rangle + \frac{1}{\sqrt{2}}\left|2p_x\right\rangle \tag{21.78}$$

$$\left|sp^2, 3\right\rangle = \frac{1}{\sqrt{3}}\left|2s\right\rangle - \frac{1}{\sqrt{6}}\left|2p_z\right\rangle - \frac{1}{\sqrt{2}}\left|2p_x\right\rangle$$

これらの波動関数も正規直交波動関数であることが容易に示せる（演習問題 21.13）．この平面に垂直な p_y 軌道は混成軌道には関与していない．エチレン $H_2C=CH_2$ を考えると，sp²混成軌道で，4つの C–H σ 結合と1つの C–C 結合ができ，C–C 間の p_y 軌道間で π 結合ができる．したがって，C–C 間は結合次数が2の二重結合となる．

ベンゼンの場合（**図21.20**）は，C–H, C–C, C–C に sp²混成軌道により3つの σ 結合が生成し，C–C–C 結合で，2つの C–C$_\alpha$ のうち1つの C–C で p_y 軌道をシェアする．したがって，ベンゼンの結合は図 21.20 のように書くのが正しい．ただし慣例として，**図21.21** のような単結合と二重結合の組み合わせで書く場合も多い．

グラファイトの場合（**図21.22**）は，隣りの3つの炭素原子とsp^2混成軌道により3つのσ結合が生成され，隣りの3つの炭素とp_y軌道をシェアする．グラファイトの炭素面間の相互作用はファンデルワールス（van der Waals）力による引力が働いており，ファンデルワールス力を考慮した第一原理計算（22章）でそれが示されている．

アセチレン HC≡CH の場合は，C-C結合軸をz方向にとると，

$$\left| sp,1 \right\rangle = \frac{1}{\sqrt{2}} \left| 2s \right\rangle + \frac{1}{\sqrt{2}} \left| 2p_z \right\rangle$$

$$\left| sp,2 \right\rangle = \frac{1}{\sqrt{2}} \left| 2s \right\rangle - \frac{1}{\sqrt{2}} \left| 2p_z \right\rangle$$

(21.79)

という**sp混成軌道**を考えると都合がよい．C-HとC-Cのσ結合に，この sp混成軌道が使われ，C-C間にp_x, p_yを使った2つのπ結合が生成される．したがって炭素間には三重結合が生成される．

21.10　ヒュッケル近似：π電子系

不飽和炭化水素（二重結合）や芳香族の炭化水素が有機化学の分野では大変重要である．C-C間，C-H間で作る面をxy面とすると，xy面内でのsp^2混成軌道の結合でσ結合を構成し，xy面から垂直に出たp_z軌道が隣りの炭素のp_z軌道と位相がそろえばπ結合，位相が反対符号となればπ反結合を形成する．

紫外光電子分光の結果では，占有状態のσ結合は束縛エネルギーの大きい深い準位に存在する．結合の組み替えである電子の移動を伴う化学反応は，**最高占有軌道**（**HOMO**, Highest Occupied Molecular Orbitals）と**最低非占有軌道**（**LUMO**, Lowest Unoccupied Molecular Orbitals）の電子（のみ）が関与するので，これらの準位を主に計算できれば分子の量子化学的な物性が求められる．そして HOMO および LUMO は，紫外光電子分光の結果[注18]より，π軌道からなることが明らかとなっている．したがって，π軌道のみを抽出して，それを本章で述べた変分法を使い，不飽和炭化水素（二重結合）や芳香族炭化水素の電子状態を求めることできる．

（a）エチレン（ethylene）［IUPAC名：エテン（ethene）］，（b）プロピレン（propylene）［IUPAC名：プロペン（propene）］，（c）シクロプロペン（cyclopropene），（d）1,3-ブタジエン（1,3-butadiene），（e）シクロブタジエン（1,3-cyclobutadiene），（f）トリメチレンメタン（trimethylene methane），（g）プロパレン（propalene），（h）ベンゼン，（i）ナフタレン（naphthalene）の構造式を**図21.23**に示す．

これらの分子のπ軌道の系をそれぞれの炭素原子p_z軌道（共役系のσ結合が存在する面をxy面とする）のLCAOで，$\Psi = \sum_{i=1}^{N} c_i \chi_i$とし変分法を使うと，得られる永年方程式は一般に以下のようになる．

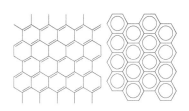

図21.22　グラファイトの構造式

Erich Armand Arthur Joseph Hückel
（1896-1980）

ドイツの化学者，物理学者．ゲッチンゲン大学で学位を取得後，チュリッヒ大学でデバイの助手となり，デバイ・ヒュッケル理論として知られる強電解質溶液理論を1923年に提唱した．これは，電気化学の二重層理論であるグイ・チャップマン理論と同じ現象を説明するが，7年も早く発表された．その後ドイツに戻り，本章で説明するヒュッケル近似により不飽和炭化水素の電子論の基礎を確立した．

ヒュッケルは1926年にデバイ・ヒュッケル理論を作っていたときに，エルヴィビン・シュレーディンガーに関する詩を書いた．少々からかったものになっているが，後年量子力学を使った研究で有名になるので，なんとも皮肉なものである．

Erwin with his psi can do. Calculations quite a few. But one thing has not been seen: Just what does psi really mean?

エルヴィビンのψを使えば，かなりの数の計算をすることができる．しかし，肝心なことがわかっていない．それはψがいったいぜんたい何を意味するのかということ．
（日本語訳は著者による）

注18）Donald M. Mintz and Aron Kuppermann, *J. Chem. Phys.* **71**, 3499（1979）

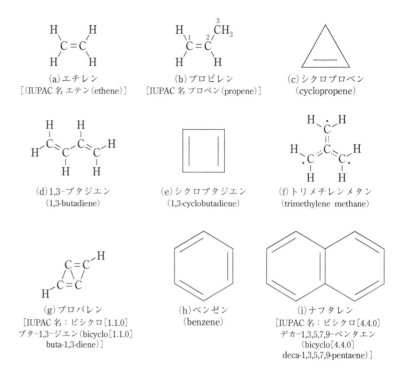

図21.23 π電子系をもつ有機化合物の構造式

$$
\begin{vmatrix}
H_{11} - ES_{11} & H_{12} - ES_{12} & \cdots & H_{1N} - ES_{1N} \\
H_{12} - ES_{12} & H_{22} - ES_{22} & \cdots & H_{2N} - ES_{2N} \\
\vdots & \vdots & \ddots & \vdots \\
H_{1N} - ES_{1N} & H_{2N} - ES_{2N} & \cdots & H_{NN} - ES_{NN}
\end{vmatrix} = 0 \tag{21.80}
$$

さらに,

$$ H_{ii} = \alpha $$

$$
H_{jk} = \begin{cases} \beta, & (j\,\text{th atom bonds to } k\,\text{th atom}) \\ 0, & (j\,\text{th atom non-bonds to } k\,\text{th atom}) \end{cases} \tag{21.81}
$$

$$
S_{ij} = \begin{cases} 1, & i = j \\ 0, & i \neq j \end{cases}
$$

という近似を行う. これが**ヒュッケル近似**(Hückel approximation)である. α は**クーロン積分**, β は**結合積分**といわれる. また, $i=j$ 以外の重なり積分 S_{ij} はすべてゼロとする.

以下に, (a)エチレン, (b)プロピレン, (c)シクロプロペン, (d)1,3-ブタジエン, (e)シクロブタジエン, (h)ベンゼンのエネルギー固有値, LCAO の係数である固有関数(固有ベクトル)を示す[注19][注20]. 太い線は炭素の分子骨格を示し, 位相が正の波動関数を実線で, 位相が負の波動関数を点線で示した. 赤線は波動関数がゼロとなる節(ふし, node)を示す. β は負の量($\beta < 0$)である.

注19)演習問題21.15〜21.26を参照. 解答については Web 21-2 も参照.

注20)(f)トリメチレンメタン, (g)プロパレンのヒュッケル近似による固有値, 固有関数については演習問題21.27, 21.28に, (i)ナフタレンのヒュッケル近似による永年方程式については演習問題21.29にした.

(a) エチレン

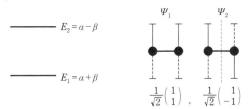

$$E_2 = \alpha - \beta$$

$$E_1 = \alpha + \beta$$

$\Psi_1 \quad \Psi_2$

$$\frac{1}{\sqrt{2}}\begin{pmatrix}1\\1\end{pmatrix}, \quad \frac{1}{\sqrt{2}}\begin{pmatrix}1\\-1\end{pmatrix}$$

エチレンの π 電子数は 2 であり，E_1 を up $\uparrow$，down $\downarrow$ スピンとして占める．したがって，全 π 電子エネルギーは $2(\alpha+\beta)$ となる．各炭素状の π 電子の電荷は，

$$Q_i = \sum_n \omega_n c_{n,i}^2 \tag{21.82}$$

と定義できる．ここで，ω_n は n 準位の占有数，$c_{n,i}$ は n 準位における i 番目の原子の LCAO の係数である．各炭素にそれぞれ $(1, 1)$ 存在する．π 電子の結合次数を以下のように定義する．

$$P_{ij}^\pi = \sum_n \omega_n c_{n,i} c_{n,j} \tag{21.83}$$

例えば，エチレンの場合は以下となる．

$$P_{12}^\pi = \omega_1 c_{1,1} c_{1,2} + \omega_2 c_{2,1} c_{2,2} = 2\frac{1}{\sqrt{2}}\frac{1}{\sqrt{2}} + 0\frac{1}{\sqrt{2}}\frac{-1}{\sqrt{2}} = 1 \tag{21.84}$$

σ 結合で結合次数はもともと 1 あるので，全結合次数 P_{ij}^{tot} は，

$$P_{ij}^{\text{tot}} = 1 + P_{ij}^\pi \tag{21.85}$$

で定義され，結合次数は

$$P_{12}^{\text{tot}} = 1 + P_{12}^\pi = 2 \tag{21.86}$$

となり，二重結合となる．

(b) プロピレン

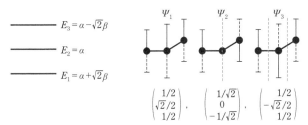

$$E_3 = \alpha - \sqrt{2}\beta$$

$$E_2 = \alpha$$

$$E_1 = \alpha + \sqrt{2}\beta$$

$\Psi_1 \quad \Psi_2 \quad \Psi_3$

$$\begin{pmatrix}1/2\\\sqrt{2}/2\\1/2\end{pmatrix}, \quad \begin{pmatrix}1/\sqrt{2}\\0\\-1/\sqrt{2}\end{pmatrix}, \quad \begin{pmatrix}1/2\\-\sqrt{2}/2\\1/2\end{pmatrix}$$

プロピレンの π 電子数は 3 であり，E_1 を up,down スピンとして占め，E_2 をどちらかのスピンが占めるので，全 π 電子エネルギーは $3\alpha + 2\sqrt{2}\beta$ となる．エチレン 3/2 分子と全 π 電子エネルギーとのエネルギー差が共鳴エネルギー E_{deloc} に相当し，$E_{\text{deloc}} = 3\alpha + 2\sqrt{2}\beta - (2\alpha + 2\beta)(3/2) = -0.172\beta$ となる．β は負の値をもつので共鳴による安定化はない．各炭素に存在する π 電子の電荷はそれぞれ $(1, 1, 1)$ となる．結合次数は，$P_{12}^{\text{tot}} = 1 + 2(1/2)(\sqrt{2}/2) + 1(1/\sqrt{2})(0) = 1 + \sqrt{2}/2 = 1.71$，$P_{23}^{\text{tot}} = 1 + 2(\sqrt{2}/2)(1/2) + 1(0)(1/\sqrt{2}) = 1 +$

$\sqrt{2}/2 = 1.71$ となり，どちらの結合も 1.71 重結合となる．

(c) シクロプロペン

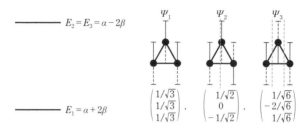

$$E_2 = E_3 = \alpha - 2\beta$$

$$E_1 = \alpha + 2\beta$$

$$\Psi_1 \begin{pmatrix} 1/\sqrt{3} \\ 1/\sqrt{3} \\ 1/\sqrt{3} \end{pmatrix}, \quad \Psi_2 \begin{pmatrix} 1/\sqrt{2} \\ 0 \\ -1/\sqrt{2} \end{pmatrix}, \quad \Psi_3 \begin{pmatrix} 1/\sqrt{6} \\ -2/\sqrt{6} \\ 1/\sqrt{6} \end{pmatrix}$$

シクロプロペンの π 電子数は 3 であり，E_1 を up, down スピンとして占め，$E_2 = E_3$ をどちらかのスピンが占めるので，全 π 電子エネルギーは $3\alpha + 2\beta$ となる．エチレン 3/2 分子と全 π 電子エネルギーとのエネルギー差が共鳴エネルギー E_{deloc} に相当し，$E_{\mathrm{deloc}} = 3\alpha + 2\beta - (2\alpha + 2\beta)(3/2) = -\beta$ となる．炭素に存在する π 電子の電荷はそれぞれ(7/6, 2/3, 7/6)(E_2 を 1 電子が占める場合)または(5/6, 4/3, 5/6)(E_3 を 1 電子が占める場合)となる．これらの 2 つを平均すると(1,1,1)となる．結合次数は，$P_{12}^{\mathrm{tot}} = 1 + 2(1/\sqrt{3})(1/\sqrt{3}) + 1(1/\sqrt{2})(0) = 1 + 2/3 = 1.67$ または $P_{12}^{\mathrm{tot}} = 1 + 2(1/\sqrt{3})(1/\sqrt{3}) + 1(1/\sqrt{6})(-2/\sqrt{6}) = 1 + 2/3 - 1/3 = 1.33$($E_3$ を 1 電子が占める場合)，$P_{23}^{\mathrm{tot}} = 1 + 2(1/\sqrt{3})(1/\sqrt{3}) + 1(0)(-1/\sqrt{2}) = 1 + 2/3 = 1.67$ または $P_{23}^{\mathrm{tot}} = 1 + 2(1/\sqrt{3})(1/\sqrt{3}) + 1(-2/\sqrt{6})(1/\sqrt{6}) = 1 + 2/3 - 1/3 = 1.33$($E_3$ を 1 電子が占める場合)，$P_{31}^{\mathrm{tot}} = 1 + 2(1/\sqrt{3})(1/\sqrt{3}) + 1(-1/\sqrt{2})(1/\sqrt{2}) = 1 + 2/3 - 1/2 = 1.17$ または $P_{31}^{\mathrm{tot}} = 1 + 2(1/\sqrt{3})(1/\sqrt{3}) + 1(1/\sqrt{6})(1/\sqrt{6}) = 1 + 2/3 + 1/6 = 1.83$ となる．E_2 と E_3 での結合次数を平均すると，$P_{12}^{\mathrm{tot}} = P_{23}^{\mathrm{tot}} = P_{31}^{\mathrm{tot}} = 1.5$ となる．

(d) 1,3-ブタジエン

$$E_4 = \alpha - (1+\sqrt{5})\beta/2$$
$$E_3 = \alpha + (1-\sqrt{5})\beta/2$$
$$E_2 = \alpha - (1-\sqrt{5})\beta/2$$
$$E_1 = \alpha + (1+\sqrt{5})\beta/2$$

$$\Psi_3 : \begin{pmatrix} 1/\sqrt{5-\sqrt{5}} \\ (1-\sqrt{5})/2\sqrt{5-\sqrt{5}} \\ (1-\sqrt{5})/2\sqrt{5-\sqrt{5}} \\ 1/\sqrt{5-\sqrt{5}} \end{pmatrix} = \begin{pmatrix} 0.6015 \\ -0.3717 \\ -0.3717 \\ 0.6015 \end{pmatrix}, \quad \Psi_4 : \begin{pmatrix} 1/\sqrt{5+\sqrt{5}} \\ -(1+\sqrt{5})/2\sqrt{5+\sqrt{5}} \\ (1+\sqrt{5})/2\sqrt{5+\sqrt{5}} \\ -1/\sqrt{5+\sqrt{5}} \end{pmatrix} = \begin{pmatrix} 0.3717 \\ -0.6015 \\ 0.6015 \\ -0.3717 \end{pmatrix}$$

$$\Psi_1 : \begin{pmatrix} 1/\sqrt{5+\sqrt{5}} \\ (1+\sqrt{5})/2\sqrt{5+\sqrt{5}} \\ (1+\sqrt{5})/2\sqrt{5+\sqrt{5}} \\ 1/\sqrt{5+\sqrt{5}} \end{pmatrix} = \begin{pmatrix} 0.3717 \\ 0.6015 \\ 0.6015 \\ 0.3717 \end{pmatrix}, \quad \Psi_2 : \begin{pmatrix} 1/\sqrt{5-\sqrt{5}} \\ -(1-\sqrt{5})/2\sqrt{5-\sqrt{5}} \\ (1-\sqrt{5})/2\sqrt{5-\sqrt{5}} \\ -1/\sqrt{5-\sqrt{5}} \end{pmatrix} = \begin{pmatrix} 0.6015 \\ 0.3717 \\ -0.3717 \\ -0.6015 \end{pmatrix}$$

ブタジエンの π 電子数は 4 であり，E_1, E_2 を up, down スピンとして占めるので，全 π 電子エネルギーは $4\alpha + 2\sqrt{5}\beta$ となる．エチレン 2 分子と全 π 電子エネルギーとのエネルギー差が共鳴エネルギー E_{deloc} に相当し，$E_{\mathrm{deloc}} = 4\alpha$

$+2\sqrt{5}\beta-2(2\alpha+2\beta)=0.472\beta$ となる．炭素に存在する π 電子の電荷はそれぞれ $(1, 1, 1, 1)$ となる．結合次数は，$P_{12}^{\text{tot}}=1+2(0.3717)(0.6015)+2(0.6015)$ $(0.3717)=1.894$，$P_{23}^{\text{tot}}=1+2(0.6015)(0.6015)+2(0.3717)(-0.3717)=1.447$，$P_{34}^{\text{tot}}=1+2(0.6015)(0.3717)+2(-0.3717)(-0.6015)=1.894$ となる．P_{12}^{tot} と P_{34}^{tot} が P_{23}^{tot} よりも結合次数は大きくなる．

(e) シクロブタジエン

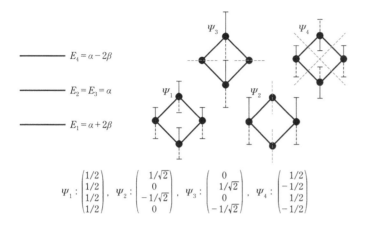

$$\Psi_1:\begin{pmatrix}1/2\\1/2\\1/2\\1/2\end{pmatrix},\ \Psi_2:\begin{pmatrix}1/\sqrt{2}\\0\\-1/\sqrt{2}\\0\end{pmatrix},\ \Psi_3:\begin{pmatrix}0\\1/\sqrt{2}\\0\\-1/\sqrt{2}\end{pmatrix},\ \Psi_4:\begin{pmatrix}1/2\\-1/2\\1/2\\-1/2\end{pmatrix}$$

シクロブタジエンの π 電子数は 4 であり，E_1 を up, down スピンとして占め，縮退した E_2，E_3 をどちらかのスピンが占めるので，全 π 電子エネルギーは $4\alpha+4\beta$ となる．エチレン 2 分子と全 π 電子エネルギーとのエネルギー差が共鳴エネルギー E_{deloc} に相当し，$E_{\text{deloc}}=4\alpha+4\beta-2(2\alpha+2\beta)=0$ となる．電子配置は，(E_1, E_2, E_3, E_4) へ 4 電子をばらまく方法は，$(2,2,0,0)$，$(2,1,1,0)$，$(2,0,2,0)$ の 3 通りがある．炭素に存在する π 電子の電荷は，E_2 を占めている場合それぞれ $(1.5, 0.5, 1.5, 0.5)$，E_3 を占めている場合それぞれ $(0.5, 1.5, 0.5, 1.5)$ となる．これら 2 つを平均すると，$(1, 1, 1, 1)$ となる．結合次数は，$P_{12}^{\text{tot}}=1+2(1/2)(1/2)=1.5$，$P_{23}^{\text{tot}}=1+2(1/2)(1/2)=1.5$，$P_{34}^{\text{tot}}=1+2(1/2)(1/2)=1.5$，$P_{41}^{\text{tot}}=1+2(1/2)(1/2)=1.5$ となる．これは E_2 と E_3 の電子の占有数の違いによらない．

(h) ベンゼン

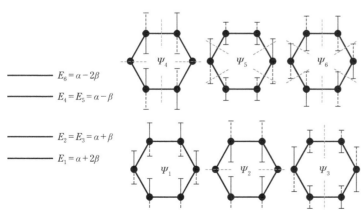

$$\begin{pmatrix}1/\sqrt{6}\\1/\sqrt{6}\\1/\sqrt{6}\\1/\sqrt{6}\\1/\sqrt{6}\\1/\sqrt{6}\end{pmatrix},\ \begin{pmatrix}0\\1/2\\1/2\\0\\-1/2\\-1/2\end{pmatrix},\ \begin{pmatrix}1/\sqrt{3}\\1/(2\sqrt{3})\\-1/(2\sqrt{3})\\-1/\sqrt{3}\\-1/(2\sqrt{3})\\1/(2\sqrt{3})\end{pmatrix},\ \begin{pmatrix}0\\1/2\\-1/2\\0\\1/2\\-1/2\end{pmatrix},\ \begin{pmatrix}1/\sqrt{3}\\-1/(2\sqrt{3})\\-1/(2\sqrt{3})\\1/\sqrt{3}\\-1/(2\sqrt{3})\\-1/(2\sqrt{3})\end{pmatrix},\ \begin{pmatrix}1/\sqrt{6}\\-1/\sqrt{6}\\1/\sqrt{6}\\-1/\sqrt{6}\\1/\sqrt{6}\\-1/\sqrt{6}\end{pmatrix}$$
$$\quad\ \Psi_1\qquad\quad\ \Psi_2\qquad\quad\ \Psi_3\qquad\quad\ \Psi_4\qquad\quad\ \Psi_5\qquad\quad\ \Psi_6$$

　ベンゼンの π 電子数は 6 であり，E_1, E_2, E_3 を up, down スピンが占有する．全 π 電子エネルギーは $6\alpha+8\beta$ となる．エチレン 2 分子と全 π 電子エネルギーとのエネルギー差が共鳴エネルギー E_{deloc} に相当し，$E_{\text{deloc}}=6\alpha+8\beta-3(2\alpha+2\beta)=2\beta$ となる．炭素に存在する π 電子の電荷は，それぞれ $(1, 1, 1, 1, 1, 1)$ となる．結合次数は $P_{12}^{\text{tot}}=1+2/6+2/6=1.67$，$P_{23}^{\text{tot}}=1+2(1/6)+2(1/4)-2/12=1.67$，$P_{34}^{\text{tot}}=1+2/6+2/6=1.67$，$P_{45}^{\text{tot}}=1+2/6+2/6=1.67$，$P_{56}^{\text{tot}}=1+2/6+2/4-2/12=1.67$，$P_{61}^{\text{tot}}=1+2/6+2/6=1.67$ となる．

　以前にも示したように，一般に節の数が多くなるにしたがい，エネルギー固有値は上昇する．これまでの π 共役系のヒュッケル近似から，以下に示す環化 2 分子の反応性を軌道対称性から議論できる．

　2 分子のエチレン分子からシクロブタジエンに環化する反応を考えよう．結合ができるとしたら π 軌道間であるので，π 軌道が伸びている方向（σ 結合に垂直である）から近づく必要がある．最高占有軌道（HOMO）と最低非占有軌道（LUMO）の間で電子が移動して結合軌道を作ることができるのかどうかが問題となる．エチレンの場合，HOMO と LUMO では，波動関数の位相が ＋＋，＋－ となるのでシクロブタジエンとしての結合を形成することが困難である．

　次に，シスブタジエンとエチレンからシクロヘキセンに環化する反応を考えよう．これはディールス・アルダー（Diels−Alder）反応のモデル系である（注21）．上でヒュッケル近似で解いたブタジエンの固有値・固有関数はトランスブタジエンであるが，シスブタジエンでもヒュッケル近似では同じ結果となる．エチレンの HOMO の波動関数の位相は ＋＋，シスブタジエンの LUMO の波動関数の位相は ＋－－＋，エチレンの LUMO の波動関数の位相は ＋－，シスブタジエンの HOMO の波動関数の位相は ＋＋－－ となるので，どちらも波動関数の位相（符号は）同じとなり，節とならない結合性軌道を形成することが容易であると期待される．この反応が容易に起こるのかどうかは，波動関数に位相によって半定量的に示すことができる（注22）．ヒュッケル近似はかなり粗い近似であり，22 章で述べる第一原理計算でより精度の高い計算を行い，定量的な議論を行う必要がある．

注21)

注22)フロントィア軌道論で理解する有機化学，稲垣都士，池田博隆，山本尚，化学同人(2018)が詳しい．

21.1 式(21.21)を導きなさい.

21.2 式(21.24)の最初の2つの項を求めなさい.

21.3 電場によってどれだけ電子雲がひずんで双極子モーメント μ が誘起されたのかということについては,z の期待値を1次の摂動で求めた波動関数で計算すればよい.双極子モーメント μ は電場と分極率に比例することを示しなさい.量子力学(Ⅰ),小出昭一郎,裳華房(1990)の7.2節を参照のこと.

21.4 スピン軌道相互作用と相対論の効果を考慮した水素原子のエネルギー準位の微細構造は以下のように与えられることを示しなさい.主量子数 $n=1 \sim 4$ までのエネルギー準位を表にせよ.20章で示したXPSの結果と比較しなさい.

$$E_{nj} = -\frac{13.6\ \text{eV}}{n^2}\left[1 + \frac{\alpha^2}{n^2}\left(\frac{n}{j+\frac{1}{2}} - \frac{3}{4}\right)\right]$$

21.5 主量子数 $n=2$ をもつ4つの縮退した水素原子の準位が電場 E におかれたときのエネルギー固有値が行列式(21.45)となることを示しなさい.また,この行列式を解いてエネルギー固有値を求め,そこからエネルギー固有関数を求めなさい.

21.6 式(21.56)を導きなさい.

21.7 水素分子カチオン H_2^+ の重なり積分 S に対して式(21.62)を導きなさい.

21.8 水素分子カチオン H_2^+ のクーロン積分 J に対して式(21.64)を導きなさい.

21.9 水素分子カチオン H_2^+ の交換積分 K に対して式(21.65)を導きなさい.

21.10 水素分子カチオン H_2^+ の結合性軌道および反結合性軌道の固有値のH–H間の距離依存性を式(21.62),式(21.64),式(21.65),式(21.67)を使ってグラフにしなさい.結合性軌道に1電子が入るとすると,結合性軌道の固有値が一番エネルギーの低いところが安定となる.グラフよりそのときのH–H間距離とエネルギーを求めなさい.

21.11 式(21.71)から式(21.75)を導きなさい.

21.12 式(21.77)の sp^3 混成軌道が正規直交波動関数であることを示しなさい.

21.13 式(21.78)の sp^2 混成軌道が正規直交波動関数であることを示しなさい.

21.14 式(21.79)の sp 混成軌道が正規直交波動関数であることを示しなさい.

21.15 エチレンの π 電子系に対してヒュッケル近似を行い,永年方程式を求め,固有値と固有ベクトルを求めなさい.

21.16 式(21.82)より,エチレンの各炭素状の π 電子の電荷を求めなさい.また式(21.83)により,π 結合次数および全結合次数を求めなさい.

21.17 プロピレンの π 電子系に対してヒュッケル近似を行い,永年方程式を求め,固有値と固有ベクトルを求めなさい.

21.18 式(21.82)より,プロピレンの各炭素状の π 電子の電荷を求めなさい.また式(21.83)により,π 結合次数および全結合次数を求めなさい.

21.19 シクロプロペンの π 電子系に対してヒュッケル近似を行い,永年方程式を求め,固有値と固有ベクトルを求めなさい.

21.20 式(21.82)より,シクロプロペンの各炭素状の π 電子の電荷を求めなさい.また式(21.83)により,π 結合次数および全結合次数を求めなさい.

21.21 1,3-ブタジエンの π 電子系に対してヒュッケル近似を行い,永年方程式を求め,固有値と固有ベクトルを求めなさい.

21.22 式(21.82)より,1,3-ブタジエンの各炭素状の π 電子の電荷を求めなさい.また式(21.83)により,π 結合次数および全結合次数を求めなさい.

21.23 シクロブタジエンの π 電子系に対してヒュッケル近似を行い,永年方程式を求め,固有値と固有ベクトルを求めなさい.

21.24 式(21.82)より,シクロブタジエンの各炭素状の π 電子の電荷を求めなさい.また式(21.83)により,π 結合次数および全結合次数を求めなさい.

21.25 ベンゼンの π 電子系に対してヒュッケル近似を行い,永年方程式を求め,固有値と固有ベクトルを求めなさい.

21.26 式(21.82)より,ベンゼンの各炭素状の π 電子の電荷を求めなさい.また式(21.83)により,π 結合次数および全結合次数を求めなさい.

21.27 トリメチレンメタンのヒュッケル近似による固有値,固有関数(固有ベクトル)を求めなさい.

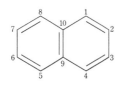

21.28 プロパレンのヒュッケル近似による固有値,固有関数(固有ベクトル)を求めなさい.

21.29 ナフタレンのヒュッケル近似による永年方程式を求めなさい.

第22章

第一原理計算

The underlying physical laws necessary for the mathematical theory of a large part of physics and the whole of chemistry are thus completely known, and the difficulty is only that the exact application of these laws leads to equations much too complicated to be soluble. It therefore becomes desirable that approximate practical methods of applying quantum mechanics should be developed, which can lead to an explanation of the main features of complex atomic systems without too much computation.

To get agreement with experiment it was found necessary to introduce the spin of the electron, giving a doubling in the number of orbits of an electron in an atom. With the help of this spin and Pauli's exclusion principle, a satisfactory theory of multiplet terms was obtained when one made the additional assumption that the electrons in an atom all set themselves with their spins parallel or antiparallel.

The old orbit theory is now replaced by Hartree's method of the self-consistent field based on quantum mechanics.

The solution of this difficulty in the explanation of multiplet structure is provided by the exchange (austausch) interaction of electrons, which arises owing to the electrons being indistinguishable one from another. Two electrons may change places without our knowing it, and the proper allowance for the possibility of quantum jumps of this nature, which can be made in a treatment of the problem by quantum mechanics, gives rise to the new kind of interaction. The energies involved, the so-called exchange energies, are quite large. In fact it is these exchange energies between electrons in different atoms that give rise to homopolar valency bond, as Heitler and London.

Paul Adrien Maurice Dirac, Proceedings of the Royal Society of London. Series A, Containing Papers of a Mathematical and Physical Character, 123(792), 1929. (注1)

原子，分子，固体，液体などの物性を量子力学レベルで求めるには，なるべく近似しない数値計算をコンピュータで行う．3次元空間での固有値計算を行うため，波動関数の数（基本的に原子に比例する）の2乗に比例したメモリと3乗に比例した計算時間が必要となる大規模な計算となる．計算には落とし穴もあり，ここでそれを学んでほしい．

22.1 電子状態の数値計算

近似的な方法を用いて，分子の性質に対して半定量的な議論ができることを21章で示したが，state-of-the-art（最先端）理論として予測可能性をもつためには，21章の近似では不十分である．電子の運動エネルギーに相当する微分項，原子核と電子の相互作用には近似の問題はないものの，電子間の静電相互作用になんらかの近似を導入しなくてはならない．2つの電子（スピ

注1) ディラックの発言は下線のところだけが強調されたため非常に誤解されているが，化学への応用を考えた実践的な理論構築をディラック自身も行っているのです．

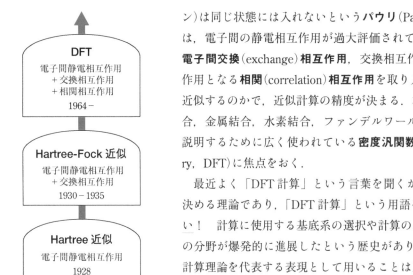

図22.1 電子間相互作用近似

DFT
電子間静電相互作用
＋交換相互作用
＋相関相互作用
1964 –

Hartree-Fock 近似
電子間静電相互作用
＋交換相互作用
1930 – 1935

Hartree 近似
電子間静電相互作用
1928

ン）は同じ状態には入れないという**パウリ**（Pauli）**の排他律**を説明するためには、電子間の静電相互作用が過大評価されている。それを補正するために、**電子間交換**（exchange）**相互作用**、交換相互作用よりも高次の電子間の相互作用となる**相関**（correlation）**相互作用**を取り入れる必要がある。どのように近似するのかで、近似計算の精度が決まる。本章では、共有結合、イオン結合、金属結合、水素結合、ファンデルワールス（van der Waals）相互作用を説明するために広く使われている**密度汎関数理論**（Density Functional Theory, DFT）に焦点をおく。

最近よく「DFT 計算」という言葉を聞くが、DFT は電子間の相互作用を決める理論であり、「DFT 計算」という用語を使うことは基本的に正しくない！ 計算に使用する基底系の選択や計算のルーチンなどの開発によってこの分野が爆発的に進展したという歴史があり、電子間の相互作用の名前を、計算理論を代表する表現として用いることは正しくない。量子力学の「第一原理」（最も基本的な原理）から計算を行うという**第一原理計算**（first-principles calculation）や同じ意味での **ab-initio 計算**という言葉を用いるのが正しい。

第一原理計算では、原子核は電子に比べて非常に重いので、原子核の運動に電子はすばやく追従できるという近似を原則として採用する。**ボルン－オッペンハイマー**（Born–Oppenheimer）**近似**と知られているこの近似は、質量の軽い水素の運動では成立しないこともあるが、一般にはよい近似として成立することが知られている。この近似が成立すれば、原子核の位置を固定しておいて、電子の運動のシュレーディンガー方程式を解くことによって、系の基底状態のエネルギー E を求めることができる。基底状態のエネルギー E は、原子核の位置 $\{R_I\}$ の関数 $E[\{R_I\}]$ となっており、それを断熱ポテンシャルエネルギーと呼んでいる。

いま、N 個の電子が関与しているとして、シュレーディンガー方程式は運動エネルギーの 2 階微分の項とポテンシャルエネルギーの項で

$$\left[-\frac{\hbar^2}{2m}\sum_{i=1}^{N}\nabla_i^2 + \sum_{i=1}^{N}V_{\mathrm{ion}}(\mathbf{r}_i) + \sum_{i=1}^{N}\sum_{j<i}U_{\mathrm{e\text{-}e}}(\mathbf{r}_i,\mathbf{r}_j) \right]\psi = E\psi \tag{22.1}$$

となる。ここで V_{ion} はイオンと電子の相互作用、U_{ee} は電子間の相互作用である。式(22.1)で ［…］ の中身のハミルトニアンに対応する項は N 電子系の相互作用を含んでいるので、波動関数も N 電子系となっている。多電子系の波動関数の近似としては、1 電子波動関数の積としての**ハートリー**（Hartree）**近似**(注2)や、1 電子波動関数を行列式の形にして電子の交換に対して符号を変える**ハートリー－フォック**（Hartree–Fock）**近似**(注3)があるが、第一原理計算として要求される精度には不十分である。多電子系の波動関数を 1 電子系の波動関数として近似し、シュレーディンガー方程式を解くのが便利である。この際、相互作用ポテンシャルをなんらかの近似を用いて精度よく表す理論が必要となる。その 1 つが密度汎関数理論である（**図 22.1**）。

注2）電子間の静電相互作用が考慮される。

注3）電子間の静電相互作用や交換相互作用が入る。

22.2 密度汎関数理論に基づいた第一原理計算

汎関数は関数の関数であり，例えばエネルギーが電子密度 ρ の関数の場合に $E(\rho)$ と書かれるが，ρ は位置 r の関数 $\rho(r)$ であるので，エネルギーは $E[\rho(r)]$ と書かれる．これが関数の関数である汎関数である．

詳しい理論展開はここでは省略するが，(注4)が詳しいので興味のある方は読んでいただきたい．1964 年にホーエンバーグ(Hohenberg)とコーン(Kohn)は密度汎関数理論を提唱した(注5)．彼らが示したことは以下に示す．

注4) 原子・分子の密度汎関数法，R.G.パール，W.ヤング(著)，狩野覚ほか(監訳)，丸善出版，2012．

注5) 密度汎関数理論(DFT)は多くの人によって基礎理論から実用レベルにまで引き上がられたが，やはりトーマス・フェルミ理論を拡張して密度汎関数理論を構築したのはホーエンバーグ，コーン，シャム(H-K-S)の3人である．

1) 原子核と電子の静電相互作用ポテンシャルのような外場 V があるとき，多電子系の電子の密度分布関数 $\rho(r)$ で，基底状態のエネルギーは一意的に決まる．$E=E[\rho]$

2) 基底状態の電子の密度分布関数は，全エネルギー $E[\rho]$ を最小にするものである．

全エネルギー $E[\rho]$ は以下のように与えられる．

$$E[\rho] = \int V(\mathbf{r})\rho(\mathbf{r})\mathrm{d}\mathbf{r} + \frac{e^2}{8\pi\varepsilon_0}\iint \frac{\rho(\mathbf{r})\rho(\mathbf{r}')}{|\mathbf{r}-\mathbf{r}'|}\mathrm{d}\mathbf{r}'\mathrm{d}\mathbf{r} + T[\rho] + E_{\mathrm{xc}}[\rho] + E_{\mathrm{II}} \tag{22.2}$$

式(22.2)の第1項は外場(そのポテンシャルを $V(\mathbf{r})$ で表す)と電子系の相互作用，第2項は電子間の静電エネルギー，第3項は電子の運動エネルギーで，本来は以下の意味をもつ．

$$T[\rho] = \sum_{\sigma}\sum_{i=1}^{\mathrm{occ}}\int \left[\psi_i^{\sigma}(\mathbf{r})\right]^*\left(-\frac{\hbar^2}{2m}\nabla^2\right)\psi_i^{\sigma}(\mathbf{r})\mathrm{d}\mathbf{r} \tag{22.3}$$

ここで，σ はスピンの↑，↓を示す変数であり，occ は**占有状態**(occupied)を意味する．

式(22.2)の第4項の $E_{\mathrm{xc}}[\rho]$ は，**交換相関**(exchange-correlation)**相互作用エネルギー**であり DFT で近似される汎関数である．波動関数の規格直交化の下に条件をつけて，$E[\rho]$ を最小化する方法をコーンとシャム(Sham)が1965 年に発見し，得られた方程式を**コーン–シャム**(Kohn-Sham)**方程式**という．コーン–シャム方程式は密度汎関数理論でシュレーディンガー方程式を数値的に解く際の基礎方程式となっており，以下のように書かれる．

$$\left[-\frac{\hbar^2}{2m}\nabla^2 + V_{\mathrm{eff}}^{\sigma}(\mathbf{r})\right]\psi_i^{\sigma}(\mathbf{r}) = \varepsilon_i^{\sigma}\psi_i^{\sigma}(\mathbf{r})$$

$$V_{\mathrm{eff}}^{\sigma}(\mathbf{r}) = V(\mathbf{r}) + V_{\mathrm{H}}(\mathbf{r}) + V_{\mathrm{xc}}^{\sigma}(\mathbf{r})$$

$$V_{\mathrm{H}}(\mathbf{r}) = \frac{e^2}{4\pi\varepsilon_0}\int \frac{\rho(\mathbf{r})}{|\mathbf{r}-\mathbf{r}'|}\mathrm{d}\mathbf{r}' \tag{22.4}$$

$$V_{\mathrm{xc}}^{\sigma}(\mathbf{r}) = \frac{\delta E_{\mathrm{xc}}}{\delta\rho(\mathbf{r},\sigma)}$$

1電子の有効ポテンシャル $V_{\mathrm{eff}}^{\sigma}$ は3つの寄与からなり，電子間の静電ポテンシャルは**ハートリーポテンシャル**といわれ，V_{H} で表される．また，交換

Pierre Claude Hohenberg(1934–2017)
フランス系アメリカ人の理論物理学者．1964 年にパリの École Normale Supérieure でウォルター・コーンとともに Inhomogeneous Electron Gas という論文を書いた．政治的な発言も注目された．

Walter Kohn(1923–2016)
UC サンディエゴ校から 1964 年にパリを訪問した際にホーエンバーグと，1965 年に UC サンディエゴ校でシャムと重要な論文を書いている．1998 年にノーベル化学賞をジョン・ポープルとともに受賞している．ウィーン生まれで，両親はナチスのアウシュビッツ収容所で亡くなっている．

相関ポテンシャルは，交換相関エネルギーの電子密度で変分した量となる．電子密度は，波動関数が具体的に求められれば，

$$\rho(\mathbf{r}) = \sum_\sigma \rho(\mathbf{r}, \sigma) = \sum_\sigma \sum_{i=1}^{\text{occ}} \left[\psi_i^\sigma(\mathbf{r})\right]^* \psi_i^\sigma(\mathbf{r}) \tag{22.5}$$

となる．

　交換相関相互作用エネルギー E_{xc} に対する理論は時代とともに進んできた．原子核の正電荷を一様にならしたジェリウムモデルを用いて電子間の多体相互作用が求められ，E_{xc} を電子密度のみの汎関数とする**局所密度近似**（Local Density Approximation，**LDA**）が提案された．これは電子密度が空間的に均一な系に対する近似と考えてよい．

$$E_{\text{xc}} = \int \rho(\mathbf{r}) \varepsilon_{\text{xc}}[\rho(\mathbf{r})] \mathrm{d}\mathbf{r}$$
$$V_{\text{xc}}^\sigma(\mathbf{r}) = \varepsilon_{\text{xc}}[\rho(\mathbf{r})] + \rho(\mathbf{r}) \frac{\mathrm{d}\varepsilon_{\text{xc}}[\rho(\mathbf{r})]}{\mathrm{d}\rho(\mathbf{r}, \sigma)} \tag{22.6}$$

　LDA を用いた DFT に基礎をおく第一原理計算で，数%の誤差で実験値を再現することが可能になり成功を収めたが，やはり問題もあった[注6]．半導体のバンドギャップが小さく見積もられ（ゲルマニウム Ge ではゼロギャップとなる），体心立方格子（bcc）の強磁性体鉄が基底状態にならない，酸化ニッケル NiO などの強相関電子系の電子状態を計算できない，などである．化学分野での原子・分子系では電子密度が急激にゼロになるところが必ずあり，均一電子密度を仮定した LDA による近似は適していない．この点から，DFT それ自身が近似としてよくないので量子化学計算に使えないという印象を与えたのも事実である[注7]．

　この問題を解決するために用いられた手法は電子密度の勾配 $|\nabla \rho|$ に関する項も汎関数とするというものであり，**一般化された勾配近似**（Generalized Gradient Approximation，**GGA**）と呼ばれ，以下のように書かれる．

$$E_{\text{xc}} = \int \rho(\mathbf{r}) \varepsilon_{\text{xc}}[\rho(\mathbf{r}), |\nabla \rho(\mathbf{r})|] \mathrm{d}\mathbf{r}$$
$$V_{\text{xc}}^\sigma(\mathbf{r}) = \varepsilon_{\text{xc}}[\rho(\mathbf{r}), |\nabla \rho(\mathbf{r})|] + \rho(\mathbf{r}) \frac{\partial \varepsilon_{\text{xc}}[\rho(\mathbf{r}), |\nabla \rho(\mathbf{r})|]}{\partial \rho(\mathbf{r}, \sigma)}$$
$$- \nabla \left(\rho \frac{\partial \varepsilon_{\text{xc}}[\rho(\mathbf{r}), |\nabla \rho(\mathbf{r})|]}{\partial \nabla \rho(\mathbf{r}, \sigma)} \right) \tag{22.7}$$

　GGA を用いることで，固体の凝集エネルギー（原子から固体を組んだときの安定化エネルギー）や格子定数を LDA より実験値に近く再現できるようになった．また上述の問題点であった bcc 鉄の強磁性も示すことができた．ただし，LDA と同様に，半導体のバンドギャップが過小評価される問題は解決されなかった．また，GGA ではグラファイト層間の距離にエネルギー最小値は現れず，相関距離が無限大に離れたグラフェンが最も安定になり，グラファイト系の正しい計算を行うことが事実上できなかった．

　第一原理計算の化学への応用で，反応経路のエネルギー変化あるいは活性錯合体のエネルギー・分子構造を計算することがある．活性化状態がどこにあり，その活性化エネルギーがどれほどかを求めることは実は容易ではなく，現在も多くの理論が提案されている．活性化状態にある物質は基底状態

Lu Jeu Sham（沈 呂九，1938–）
香港生まれ．中国系アメリカ人の物理学者．UC サンディエゴ校でウォルター・コーンと実用的なコーン–シャム方程式を導いた．DFT を用いた第一原理計算では，シュレーディンガー方程式を解いているのではなく，コーン–シャム方程式を解いているのである．

注6）理論において「問題がある！」ということは，その理論全体を否定することにもつながると考えてもいい．

注7）LDA 近似（Ceperly–Alder 型）ではグラファイト層間の相互作用にファンデルワールス力を考慮していないのに，グラファイト層間の距離にエネルギー最小値が現れた．これはたまたま一致しただけであって，問題の本質を捉えたわけではない．

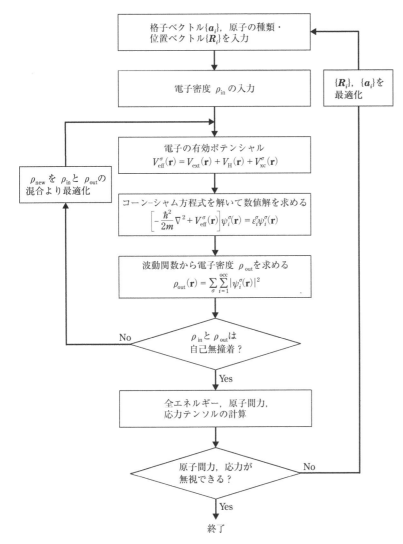

図22.2 第一原理計算の流れ

ではなく，そのエネルギーは電子相関に特に敏感であり，DFTでの計算精度は必ずしもよくないことに留意すべきである(注8)．

注8)*Electronic Structure*, in Chap.18 p.382, R. M. Martin, Cambridge University Press, 2004.

　密度汎関数理論を用いた第一原理計算では，**図22.2**に示すような流れで計算を行っている．入力として原子配置を与え，その構造に対する基底状態をコーン-シャム方程式を解いて求める．入力の電子密度・電子密度勾配と計算された波動関数から得られる出力の電子密度・電子密度勾配が一致するまで計算がなされる．その解が**自己無撞着**(セルフコンシステント，self-consistent)な解であるときに，その原子配置に対する系の全エネルギーが最小になる．

　また，セルフコンシステントな解を用いて，原子間力や格子に対する応力テンソルも計算できるので，それらが無視できる値になるまで計算を行い，系の構造を最適化する．1つの原子配置・格子からどのように最も安定な原子配置・格子を求めるかも汎用性のある最適化プログラムが用いられている．

　さらに，化学者にとって直接実験と比較できる，電子密度，双極子モーメ

ント，原子電荷，振動スペクトル（赤外，ラマン），紫外可視吸収スペクトル，NMR化学シフトなどの情報も得ることができる．演習問題でその例を示す．

22.3 DFTの発展1 vdW-DFT

　化学者が興味を抱いている共有結合，イオン結合，金属結合，水素結合，双極子相互作用，多極子相互作用については，DFTで取り扱うことが可能である．一方，近年までDFTで取り扱うことができなかった原子・分子間相互作用があった．それは，基本的に弱い相互作用であるが，原子の数が多くなると無視できなくなるファンデルワールス（van der Waals）力（分散力ともいわれている）である．その力は双極子-双極子相互作用の時間的な揺らぎに起因し，ヘリウムのような電気的に中性な原子間でも r^{-6} の依存性をもつ引力の相互作用が発生する．DFTでは基本的に時間依存性を考慮していないのでファンデルワールス力を求めることができなかった．r^{-6} の依存性をもつ経験的な古典的対ポテンシャルを付加的に導入して分散力を形式的に導入することもなされたが，それは真の第一原理計算ではない．2004年にLangrethとLundqvistグループのDionらは，非局所的な相関エネルギーの汎関数を使って近似的に分散相互作用を表すことを提案した[注9]．その後多くの改良がなされて，vdW相互作用を記述できることが明らかとなり，**vdW-DFT** と呼ばれている．一例として，グラファイト面内のC-C結合長を一定にして，グラファイト層間の距離 c を変えて計算した全エネルギーを **図22.3** に示す．GGA（PBE）[注10]による計算では，層間に相互作用はなく，

注9）M. Dion, H. Rydberg, E. Schröder, D. C. Langreth, B. I. Lundqvist, *Phys. Rev. Lett.* **92**, 246401（2004）.

注10）GGAの1つの近似であるPBE.

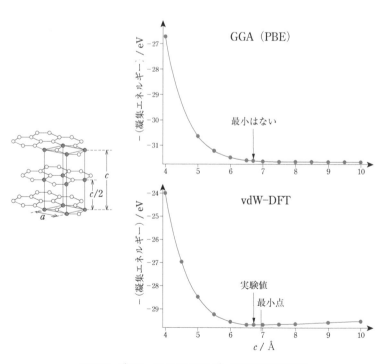

図22.3　グラファイトの全エネルギーの面間距離依存性
（面内のC-C結合長は一定とした）計算は，筆者らが行った.

むしろ面間が無限に開いたグラフェンが最安定であることが示されたが，vdW–DFTによる計算では，面間がある距離で最小エネルギーをとり，その値も実験値に近いことが示されている（$c = 6.707$ Å，化学便覧 改訂第6版より）．

22.4 DFTの発展2 バンドギャップ：GW近似による改良

半導体や絶縁体のエネルギーギャップがDFTで過小評価される問題は，GGAを導入しても解決しない．これは，DFTが基本的に基底状態を説明する理論であることに起因する．電子間の相互作用に多体問題を取り入れる**グリーン（Green）関数**(注11)の手法を用いて，多体相互作用を繰り込んだ「相互作用の衣を被った」準粒子のエネルギー準位を計算する**GW近似**(注12)と，光電子分光から得られる結果は非常によく一致し，バンドギャップの問題も基本的に解決した．GW近似によって，どれだけバンドギャップ問題が改善されたのかを**図22.4**に示す．また，ゲルマニウムGeとケイ素SiのGW近似と光電子分光実験を比較したものを**図22.5**に示す．

22.5 DFTの発展3 強相関系：DFT＋U法

d電子やf電子系では，波動関数の直交化のために電子が原子核の近くに強く局在する．それらが系の重要な物性である磁性を決める要因であること

注11）デルタ関数の応答関数に相当する．

注12）電子のグリーン関数と遮蔽されたクーロンポテンシャルWの積を電子のエネルギーに取り入れる近似法．

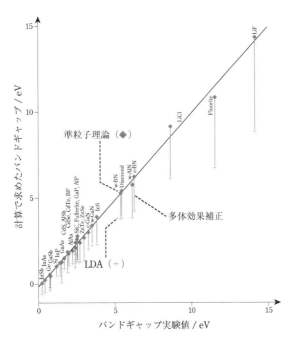

図22.4 GW近似で計算したバンドギャップと半導体・絶縁体の実験結果
比較のためLDAで計算した結果も＋で示す．黒線は実験と理論が一致するところを示している．
[S. G. Louie, M. L. Cohen, *Conceptual Foundations of Materials*, in Chap.2, Elsevier, 2006]

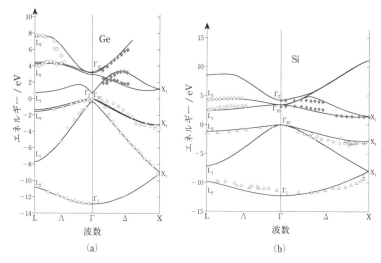

図22.5　ゲルマニウムGe(a)とケイ素Si(b)のエネルギーバンドのL-Γ-X点に沿ったエネルギーと波数の分散関係

それぞれの点は光電子分光や逆光電子分光から求めた実験結果で，実線はGW近似でUCバークレーのLouieらが計算した結果である．光電子分光では，単色の紫外光を単結晶表面に照射し，放出される光電子のエネルギーと角度を測定し，占有状態のエネルギーバンドのエネルギーと運動量の関係を求めた．逆光電子分光では，ある運動エネルギーをもった電子をある角度で入射し，非占有状態に遷移するときに出てくる光を測定して，非占有状態のエネルギーバンドのエネルギーと運動量の関係を求めた．
〔J. E. Ortega and F. J. Himpsel, *Phys. Rev. B.* **47**, 2130(1993)〕

が多い．このような系を**強相関系**という．DFTのLDAやGGAでは均一電子密度(さらに勾配の寄与)を考慮して電子間相互作用を近似しているので，これらの強相関系の記述をすることは容易ではない．例えば，NiO, FeO, CoOなどの酸化物はGGAでは金属となるが，実験ではバンドギャップをもつ絶縁体であることが知られている．これらの遷移金属酸化物では，遷移金属に局在しているd電子が隣りの遷移金属に移動しようとしても，d電子間のクーロン反発が強くて移動できない．これが，強相関物質の特徴である．そこで，同一原子内でクーロン反発する軌道に軌道依存の付加的な項Uをつけて，他の軌道に対してエネルギーをシフトすることで，LDAやGGAで生じた誤差を減らす方法が提案された．これが**DFT＋U法**である．Uはパラメータとして与える場合もあるが，原則として第一原理計算から求める．FeO, NiO, CoOについては，実験で得られたバンドギャップをDFT＋U法で再現できる(注13)．

注13)M. Cococcioni and S. de Gironcoli, *Phys. Rev. B.* **71**, 035105(2005).

22.6　DFTの発展4　励起状態：TD-DFT

DFTは基本的に基底状態の計算であり，励起状態を求めることには適さない．しかし，DFTを拡張して時間依存性を導入して，**時間依存性密度汎関数法(TD-DFT)**を構築することにより，励起状態のエネルギー，吸収強度(振動子強度，23章を参照)が正確に計算できるようになった(注14)．例えば，Gaussain09で計算したエチレン，1,3-ブタジエンの紫外可視吸収は6.75 eV，5.63 eVとなり，実験値7.51 eV，5.71 eVと一致する．

注14)*Time-Dependent Density-Functional Theory: Concepts and Applications*, C. A. Ullrich, Oxford University Press, 2012.

22.7 第一原理計算の例 (1)：H_2分子，HF分子

　水素分子の結合の性質は，21章でヒュッケル近似を用いて定性的に説明した．α, β の2つのパラメータを用いてエネルギー準位を単純に求めたが，電子間の交換・相関相互作用を考慮していないために，半定量的な粗い近似解でしかない．21章での水素分子は H_2^+ であった．以下では，水素分子 H–H とフッ化水素分子 H–F について DFT で解いた例を示す．

　水素原子間の H–H 結合距離を変えたとき，水素分子の全エネルギーが変化する様子を**図22.6**に示す．全エネルギーが最小であるところが，この計算が予測する H–H 結合の距離であり，0.7427 Å となった．実験値は 0.74 Å であるので，よく一致する．この曲線のエネルギー最小値と水素原子のエネルギーの2倍の差から，水素分子の生成エンタルピーは 4.773 eV と求められ，実験値 4.518 eV とよく一致する．また，この曲線のエネルギー最小値での曲率から H–H の振動数は 4411 cm^{-1} となり，実験値 4401 cm^{-1} と一致する．

　水素分子の電子軌道は，球状の 1s 原子軌道の重ね合わせによる結合軌道と，波動関数の符号の異なる 1s 軌道の重ね合わせによる反結合軌道からなる．その軌道エネルギーの H–H 分子間距離の依存性を**図22.7**に示す．赤の破線は，計算で得られた H–H 結合の距離である．エネルギーの 0 は，結合状態と反結合状態の中間にとった．波動関数の赤は正の符号をもち，緑は負の符号をもつ．結合軌道のエネルギーは H–H 結合距離が短くなると低下し，反結合軌道のエネルギーは H–H 結合距離が短くなると上昇する．その傾向は，H–H の結合距離が 0.74 Å より短くなっても続くが，水素分子の全エネルギーは増加する．結合軌道では，H–H が 3.5 Å では分離しているように見えるが，結合距離が短くなるにつれて重なりが増えている．反結合軌

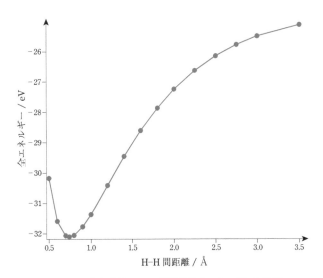

図22.6　水素分子のH–H間距離と全エネルギーの関係
計算には Gaussian09 を用い，交換・相関エネルギーに B3LYP を，基底関数に 6-311 + + (*,*) を用いた．分子の電荷は 0 で，スピン多重度は 1 である．

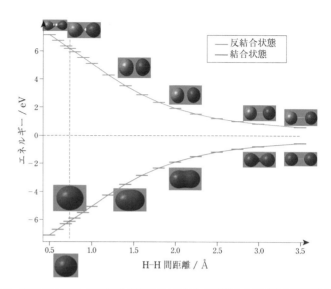

図22.7　水素分子のH−H間距離の変化による結合性軌道および反結合性軌道のエネルギー準位および波動関数の変化

波動関数の符号が正の場合は赤，負の場合は緑で示している．図中の縦線は全エネルギーが最小の位置を表している．

道では，右と左の波動関数の符号が反転するので，結合長の中心点で波動関数がゼロとなる節が必ず現れる．これが，反結合軌道では結合軌道に比べてエネルギーが高い理由である．

非経験的な量子化学計算で使われる STO-3G 原子軌道関数を**図 22.8** に示す．20 章で示したように，水素原子の解析解では $\alpha\exp(-\beta r)$ のスレーター型の波動関数をとるが，非経験的な量子化学計算では原子をまたいだ空間積分の計算コストを下げるために $\alpha\exp(-\beta r^2)$ のガウス型基底関数の重ね合わせを波動関数に用いる．

フッ化水素分子 HF では，フッ素の電気陰性度が水素のそれよりも大きいため，結合を形成する際に電子が水素からフッ素に移動する．**図 22.9** のように水素の 1s 軌道（$1s_H$）とフッ素の $2p_z$ 軌道（結合軸を z 方向にとる，$2p_{zF}$）では共有結合も作るので，共有結合とイオン結合の中間的な結合様式になる．また，フッ素の残り 2 つの $2p_{xF}$ および $2p_{yF}$ 軌道と水素の $1s_H$ 軌道では，図 22.9 のように一方が結合性軌道，もう一方が反結合性の性質を併せもった非結合性軌道が生じる．

HF における全エネルギーの結合長依存性を**図 22.10** に示す．エネルギーの最小点は 0.922 Å となり，実験結果の 0.917 Å とよく一致する．HF の生成エンタルピーは HF のエネルギーから H 原子と F 原子のエネルギーを引くと，$-6.069\,\mathrm{eV}$ となった．これは実験値 $-5.877\,\mathrm{eV}$ と一致する．また，振動数は $4090\,\mathrm{cm^{-1}}$ となり，実験値 $4037\,\mathrm{cm^{-1}}$ とよく一致している．

図 22.11 に示すように，水素の 1s のエネルギーレベルはフッ素の $2p_z$ のそれよりも高い位置にあり，結合性軌道（σ_b）を形成するときに，電子が水素からフッ素に一部移動する．また，同時に反結合性軌道（σ_a）を形成するが，これは電子が入らない非占有軌道となる．

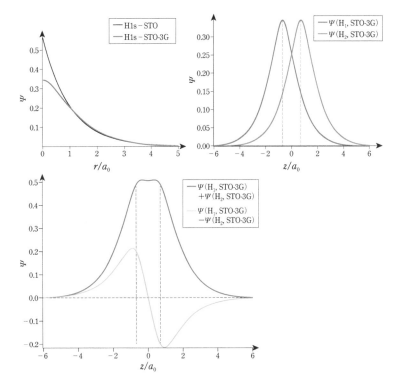

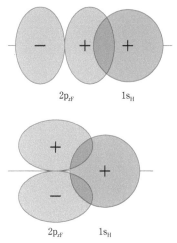

図22.9　フッ素の2p軌道と水素の1s
軌道からの結合性軌道（上）
と非結合性軌道（下）

図22.8　量子化学計算で用いられている基底関数

（左上）20章で求めた水素原子1s軌道の解析階（STO）と量子化学計算でよく用いられるガウス型［$\alpha \exp$
$(-\beta r^2)$の重ね合わせ］STO-3G軌道の比較．原子核近くではガウス型は平坦な最大値をもつ．

（右上）H–H原子間距離を0.7427 Åとして2つのSTO-3G［$\psi(H_1, STO\text{-}3G)$，$\psi(H_2, STO\text{-}3G)$］を重ねて書
いた点線は水素原子核の2つの位置を表す．

（左下）結合性軌道 $\psi(H_1, STO\text{-}3G) + \psi(H_2, STO\text{-}3G)$と反結合性軌道 $\psi(H_1, STO\text{-}3G) - \psi(H_2, STO\text{-}3G)$それ
ぞれの分子軌道については規格化していない．点線は水素原子核の2つの位置を表す．

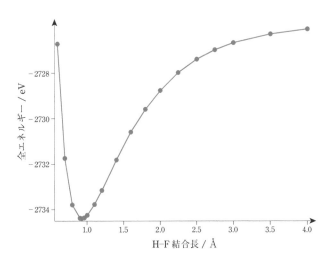

図22.10　HF分子の全エネルギーの結合長による変化

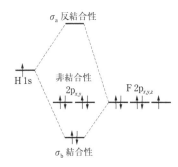

図22.11　H原子，F原子のエネルギー
準位とHF分子のエネルギー
準位の関係

　図22.12に，HからFに移動する電子数（静電ポテンシャル法より求め
た）のH–F距離依存性を示す．H–Fの結合距離が短くなるにつれて，移動
電子数は0.3から0.5付近まで増加する．この傾向は，**図22.13**の赤線のσ_b

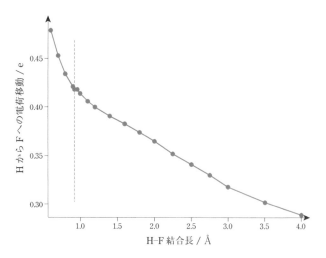

図22.12　HからFに移動する電子数のH−F距離依存性
原子の電荷は完全に定義されていないので，それを求めるには多くの近似方法があるが，ここでは多数の点で静電ポテンシャルを求め，そのポテンシャルを最もよく表す電荷をフィットして得た結果を用いた．縦の破線はH−F平衡原子間距離である．

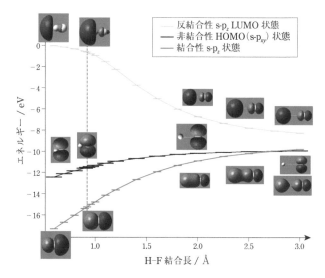

図22.13　HF分子の各エネルギー準位のH−F原子間距離依存性
下から順に結合性軌道 σ_b，非結合軌道，反結合性軌道 σ_a となっている．縦の破線はH−F平衡原子間距離である．左側の白丸は水素を表す．

結合状態がHFの距離によってエネルギーが増加すること（図22.13の緑線の σ_a 結合状態のエネルギーが低下すること）に対応する．水素の1s軌道とフッ素の $2p_x$，$2p_y$ 軌道は，その波動関数の重なりが小さいため，非結合性軌道となり，図22.13の黒線で示すように結合距離によるエネルギー変化は小さい．

σ_b 結合状態では，波動関数は緑・緑・赤となっており，HFの中間で波動関数が同符号で重なっている．σ_a 反結合状態では波動関数は赤・緑・赤となりHFの中間位置で波動関数の符号が反転し，節を作るのでエネルギーが高くなる．非結合性軌道では，フッ素の $2p_x$，$2p_y$ 波動のみであることが見てとれる．

22.8　第一原理計算の例（2）：ナフタレンへの求核・求電子置換反応

　有機化学反応の量子化学計算については，特に反応時の波動関数の位相について詳しく記述がある(注15)．ここでは，よく使われる有機電子論での説明では基本的に説明できない「ナフタレンへの求核・求電子置換反応が1位（α位）で起こること」について取り上げたい(注16)．

　図22.14に示すように，1位に置換した場合の反応中間体5つのうち2つが芳香属性をもつ．また**図22.15**に示すように，2位の中間体では1つしか芳香属性をもたない．これが，1位のほうが求核置換反応を受けやすいという理由である．

　求核置換反応は正に帯電した炭素を狙って，求電子置換反応では負に帯電した炭素を狙っているので，量子化学計算で各置換サイト1位，2位の電荷を求めることができれば1位で求核置換反応，求電子置換反応が起こることを説明できるように（一見）思う．ナフタレン分子の周囲の静電ポテンシャルを3次元で求め，それぞれの原子に電荷を割り振る方法で求めると，**図22.16**のように，1位がより負に帯電しているので求電子反応は1位，求核置換反応は2位となることが期待されるが，これは実験事実と矛盾する．したがって，量子力学的に計算された電子密度では説明できない！

　実際の反応において電子をやりとりするのは，価電子の占有軌道と非占有軌道である．求電子置換反応はHOMO（最高占有軌道）の占有率が高い炭素，求核置換反応はLUMO（最低非占有軌道）の占有率が高い炭素と反応すること

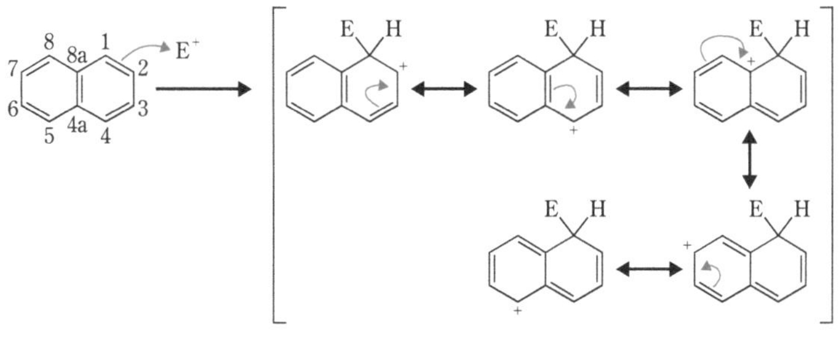

（注15）フロンティア軌道論で理解する有機化学，稲垣都士，池田博隆，山本尚，化学同人，2018に詳しい．

（注16）ナフタレンのニトロ化について，学部教育では共鳴構造の安定性（芳香属性をもつか否か）で1位と2位の優位性の差を教えている．甲南大学片桐幸輔先生より私信．

図22.14　1位に求核置換反応する場合の電子の移動の有機電子論による説明

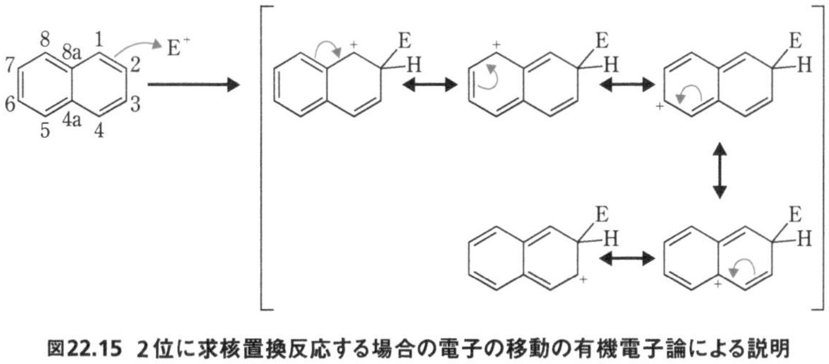

図22.15　2位に求核置換反応する場合の電子の移動の有機電子論による説明

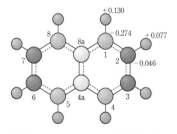

図22.16　Gaussain16で計算したナフタレンの原子の電荷

多くの点で静電ポテンシャルを求め原子の電荷を最適化した．

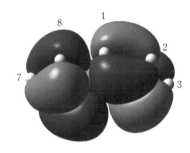

図22.17　ナフタレンのHOMOの波動関数
白丸の水素が6つ見えているが，左から2つ目と4つ目が1位で，1つ目と5，6つ目が2位である．

図22.18　ナフタレンのLUMOの波動関数
白丸の水素が4つ見えているが，左から2つ目と3つ目が1位で，1つ目と4つ目が2位である．

が期待される．Gaussain16で計算したHOMOとLUMOの波動関数をそれぞれ**図22.17**と**図22.18**に示す．HOMO 2位より1位により多く存在していることが明らかであり，求電子置換反応は1位で起こりやすいことがわかる．またLUMOでは，一番右の赤い波動関数は2つの2位の炭素で共有していることを考慮すると，やはり1位にLUMOの波動関数は多く存在しており，1位への求核置換反応も起こりやすいことがわかる．

　以上より，有機化学反応は価電子のHOMOとLUMOの波動関数に強く依存しているため，定量的な議論を行うためには本章で示したDFTに基礎をおいた第一原理計算が必要となる．

22.9　原子間力：ヘルマン–ファインマンの定理

　第一原理計算で系の全エネルギーが計算できれば，原子の位置を次々と移動させて，その経路に沿って全エネルギーを計算し，その経路での勾配（微分）から原子間力が計算できる．単純な分子の場合は容易であるが，多原子系の場合ある原子を移動するとその原子と相互作用する原子全部に原子間力が働き，エネルギー変化を微分しても移動させた原子のみの原子間力を単純に求めることができない．原子の位置をずらしてそのエネルギー変化から原子間力を求めるのではなく，ポテンシャル（あるいは全エネルギー）の微分量から求めることができれば，ある原子配置でのみ計算すればよい．基本的な定式化は(注17)によって与えられていたが，原子核にかかる力は電子の運動エネルギーや交換・相関とは無関係に厳密に電荷密度で与えられるという「使える」式の形で証明したのは，ファインマン(注18)である．スレーター行列式のスレーター教授の指導のもとで，単著の論文(注19)を発表した．これは彼の4年生の卒業論文で，引用文献もなく彼が独自に考えたことがうかがえる．4年生の卒業論文が名前つきの定理で後世に残ることもないだろうし，ファインマンは，その後の学者人生(注20)で，経路積分やファインマンダイアグラムというさらに革新的なことを行い，この定理について一度も振り返ることもなかったことは特筆に値する．

　ヘルマン–ファインマンの定理を導出しよう．ある原子核の位置ベクトルを $\mathbf{R}_I$ としよう．系の全エネルギーを E とすれば，働く力のベクトルは

注17）Guttinger〔*Z. Phys.* **73**, 169（1932）〕，Pauli（1933），Hellmman（1937）

注18）当時は，マサチューセッツ工科大学（MIT）の学部学生であった．

注19）R. P. Feynman, Forces in Molecules, *Phys. Rev.* **56**, 340（1939）.

注20）ファインマンはMITの大学院に残ることを希望したが，スレーターにより「MITの大学院に残ることはファインマン自身の利益のために許されない」ときっぱりと告げられた．ファインマンに問題があったわけではなく，逆に非常に優秀だったが故に他の大学院に行くように薦められたのである．「転がる石に苔むさず」をどう捉えるのかという文化的な違いの側面がありますね．米国と日英は違う意味で使っているようです．

$$\mathbf{F}_I = -\frac{\partial E}{\partial \mathbf{R}_I} \tag{22.8}$$

となる．いま，系のハミルトニアンがあるパラメータ λ に依存するとして，それを $H(\lambda)$ とする．後に λ を $\mathbf{R}_I$ とする．

$$H(\lambda)\big|\psi_\lambda\big\rangle = E(\lambda)\big|\psi_\lambda\big\rangle$$
$$\big\langle\psi_\lambda\big|\psi_\lambda\big\rangle = 1 \tag{22.9}$$

が成立するとする．

$$\begin{aligned}
\frac{\mathrm{d}E}{\mathrm{d}\lambda} &= \frac{\mathrm{d}}{\mathrm{d}\lambda}\big\langle\psi_\lambda\big|H(\lambda)\big|\psi_\lambda\big\rangle \\
&= \left(\frac{\mathrm{d}}{\mathrm{d}\lambda}\big\langle\psi_\lambda\big|\right)H(\lambda)\big|\psi_\lambda\big\rangle + \big\langle\psi_\lambda\big|\frac{\mathrm{d}H(\lambda)}{\mathrm{d}\lambda}\big|\psi_\lambda\big\rangle + \big\langle\psi_\lambda\big|H(\lambda)\left(\frac{\mathrm{d}}{\mathrm{d}\lambda}\big|\psi_\lambda\big\rangle\right) \\
&= E(\lambda)\left(\frac{\mathrm{d}}{\mathrm{d}\lambda}\big\langle\psi_\lambda\big|\right)\big|\psi_\lambda\big\rangle + \big\langle\psi_\lambda\big|\frac{\mathrm{d}H(\lambda)}{\mathrm{d}\lambda}\big|\psi_\lambda\big\rangle + E(\lambda)\big\langle\psi_\lambda\big|\left(\frac{\mathrm{d}}{\mathrm{d}\lambda}\big|\psi_\lambda\big\rangle\right) \\
&= E(\lambda)\frac{\mathrm{d}}{\mathrm{d}\lambda}\underbrace{\big\langle\psi_\lambda\big|\psi_\lambda\big\rangle}_{=1} + \big\langle\psi_\lambda\big|\frac{\mathrm{d}H(\lambda)}{\mathrm{d}\lambda}\big|\psi_\lambda\big\rangle \\
&= \big\langle\psi_\lambda\big|\frac{\mathrm{d}H(\lambda)}{\mathrm{d}\lambda}\big|\psi_\lambda\big\rangle \tag{22.10}
\end{aligned}$$

λ が $\mathbf{R}_I$ の場合を考えると，

$$\mathbf{F}_I = -\frac{\partial E}{\partial \mathbf{R}_I} = -\int \mathrm{d}\mathbf{r}\, n(\mathbf{r})\frac{\partial V_{\mathrm{ext}}(\mathbf{r})}{\partial \mathbf{R}_I} - \frac{\partial E_{\mathrm{II}}}{\partial \mathbf{R}_I} \tag{22.11}$$

となる．n は電子密度，V_{ext} は外部ポテンシャルで原子核の電子への静電ポテンシャル，E_{II} は古典的に計算される（Ewald 法）原子核間のイオン-イオン相互作用である．この式の意味は，原子間力は原子核-電子，原子核-原子核との静電相互作用で決まるということであり，**ファインマンの静電定理**とも呼ばれる．ある構造を仮定し，その第一原理計算から原子間力が求められれば，原子間力がすべてゼロになる原子の最適な位置を求めることができる．

　原子間力の考え方を拡張して，固体での応力テンソルを求める方法も定式化されており，固体の格子の最適化に使われている．

演 習 問 題

22.1 ナフタレンの求核置換反応が 1 位で起こる理由は，有機電子論では説明しにくい．量子化学計算の HOMO-LUMO の結果から説明しなさい．

22.2 量子化学計算の有償ソフトウェア Gaussain(注 21)や米国アイオワ州立大学の Mark Gordon Group が提供している無料ソフトウェア GAMESS(注 22)が使える環境にあるかを以下を参考に調べなさい．

Gaussian とそのグラフィカルユーザーインターフェース(GUI)は PC 用(Windows，Mac)のバイナリーのほうが多くのユーザーは使っている．

GAMESS は Windows なら cygwin という Linux のエミュレーションソフトウェアを使うとよい．Mac は基本的に linux で動いているのでエミュレーションソフトウェアは必要ない．GAMESS の基本的なインストールの方法は数多くの日本語サイトがあるのでそれを参照してほしい．Windows および Mac のバイナリーも配布している．Mark Gordon Group は計算の入出力用の wxMacMolPlt も無償で提供している．

両方のソフトウェアの具体的な使用方法は，(注 23)に詳しい．

22.3 問題 22.2 の量子化学計算プログラムを PC にインストールして，以下の Web サイトにある例題を解きなさい(注 24)．入力ファイルや出力例も同じファイルにある．

http://www.chem.konan-u.ac.jp/PCSI/web_material/Pchem2/QchemEClecture.pdf

問題例(**問 1**～**問 15**)を以下に挙げる．

問 1 量子化学計算プログラムで密度汎関数理論を使って，真空中の水素原子と水素イオン H^+ の全エネルギーを求め，水素原子のイオン化エネルギーを求めなさい．水素原子のスピン多重度はダブレット $2S + 1 = 2$ である．

スピン多重度：↑↓では $S = 0$ となるので $2S + 1 = 1$ のシングレットである．↑では $S = 1/2$ となるので $2S + 1 = 2$ のダブレットである．↑↑では，$S = 1$ となるので $2S + 1 = 3$ のトリプレットである．

問 2 量子化学計算プログラムで密度汎関数理論を使って，真空中の水素原子と水素アニオン H^- の全エネルギーを計算し，水素原子の電子親和力を求めなさい．その結果を実験と比較せよ．実験結果は化学便覧などを調べること．水素アニオンのスピン多重度はシングレット $2S + 1 = 1$ である．

問 3 量子化学計算プログラムで密度汎関数理論を使って，真空中の酸素原子の全エネルギーが最も低い基底状態のスピン多重度を求めなさい．また，最高占有軌道(HOMO)と最低非占有軌道(LUMO)を求め図示しなさい．

問 4 量子化学計算プログラムで密度汎関数理論を使って，真空中の酸素カチオンの全エネルギーが最も低い基底状態のスピン多重度を求め，問 3 の結果を使いイオン化エネルギーを求め，実験結果と比較しなさい．

問 5 酸素アニオンの全エネルギーを計算し電子親和力を求めなさい．また，実験結果と比較しなさい．

問 6 H_2 分子，O_2 分子，CO_2 分子，H_2O 分子の構造を最適化しなさい．H_2O 分子の場合，直線上の分子から構造最適化を開始するとどうなるかを調べなさい．

問 7 問 6 で最適化された分子の全エネルギーと原子の全エネルギーから，原子から分子を構成したときの安定化エネルギーを求めなさい．ただし，スピン多重度も考慮すること．また，実験結果と比較しなさい．

問 8 構造最適化されたそれぞれの分子の原子間距離，結合角を求め，実験結果と比較しなさい．

問 9 各原子の電荷と分子がもつ双極子モーメントを静電ポテンシャル法(ESP)から求めなさい．［Gaussain option, pop=chelpg] を使うこと.

問 10 H_2, O_2, CO_2, H_2O 分子の最高占有軌道(HOMO)と最低非占有軌道(LUMO)を求め図示しなさい.

問 11 直線上の CO_2 分子と折れ曲がった構造の H_2O 分子の赤外振動スペクトル(振動数, 強度)を計算し実験結果と比較しなさい. また, ラマン振動スペクトル(振動数, 強度)を求め, 実験結果と比較しなさい. [Gaussain option, freq=raman] を使うこと.

問 12 1,3-ブタジエンとエチレンの紫外可視吸収スペクトルを TD-DFT 法で求め, 実験結果と比較しなさい. [Gaussain option, td=(nstates=20)] を使うこと.

問 13 メタン, エチレンについて, まず構造最適化を行い, その後 H-NMR の化学シフトを TMS 基準で求めなさい. 例えば, Gauge-Independent atomic orbitals(GIAO)法を用いて求めなさい. [Gaussain option, nmr=(giao,spinspin)] を使うこと.

問 14 Li^+, Na^+, K^+, F^-, Cl^-, Br^- の水和エンタルピーを計算し, 実験結果と比較しなさい. まず真空中のそれぞれのイオンの全エネルギーを求める(A). 次に, 溶媒としての水は無構造誘電体とみなし IEPCM 法などで水中のイオンの全エネルギーを求める(B). そして, (B)−(A)がこのモデルにおける溶媒エンタルピーとなる. [Gaussain option, scrf=(iefpcm,solvent=water)] を使うこと.

問 15 化学便覧などに掲載されている実験値より, 水和エンタルピーと水和エントロピーの値の大きさを比較し, ギブズエネルギーへの寄与を議論しなさい.

注21) https://gaussian.com/
注22) https://www.msg.chem.iastate.edu/gamess/
注23) 新版 すぐできる量子化学計算ビギナーズマニュアル, 平尾公彦(監修), 武次徹也(編著), 講談社, 2015.
注24) Gaussain の密度汎関数法 DFT(B3-LYP)を使った計算では, 多くの基底関数 [6-311++g(3df,3pd)] を使ってもノートパソコンで授業時間内に容易に計算できることを指摘しておきたい.

There are two possible outcomes: If the result confirms the hypothesis, then you've made a measurement. If the result is contrary to the hypothesis, then you've made a discovery.

Enrico Fermi

化学において，分析化学は極めて重要な分野(注1)であり，近代科学として仮説を実験で実証していくためには必要不可欠である．分析化学の中でも，研究対象とする物質がどのような組成なのか，化学種としてどういう形で存在するのか，どのような構造をとっているのか，どのような電子状態をもつのかなどの情報は，現代の化学において必要不可欠である．特に，**分光法**(spectroscopy)はその中でも鍵となる手法である(注2).

大学では，分光法の原理・装置の説明の後に，スペクトルの解釈法を教える．これまでにため込んだ膨大なスペクトルのデータベースがあり，あるスペクトルを得れば，それをデータベースと付き合わせればなんらかの情報が得られる(注3)．ただし，この手法には限界がある．データベースにない新規な物質のスペクトルが観測された場合，参照するデータベースがなければ測定データ以上のことを類推・言及することができない．

では，そのような場合はどうしたらよいのであろうか．解決策の1つが分析化学で習う原理をより深めていくことである．その原理とは，電子遷移，振動分光での分子振動のばね定数などの情報を量子力学レベルから求めることである．光は電磁波として考えられ，例えば，電子遷移の場合は，電磁場と電子の相互作用を求める必要がある．

本章では，21章で導いた摂動論を拡張した量子力学的な取り扱いを考えよう．以下に述べるように，電磁場は時間により振動する場として取り扱われるので，時間依存の摂動論を用いる．

注1) 我が国においては，分析化学というだけで軽んじられている風潮が見られるが……．

注2) 分光法の例として，紫外可視吸収分光法(UV–VIS, Ultraviolet–Visible)，蛍光分光法(Fluorescence)，赤外(IR, Infrared)・ラマン(Raman)振動分光法，核磁気共鳴分光法(NMR, Nuclear Magnetic Resonance)，X線分光法，表面分光法などが挙げられる．

注3) 人工知能的な手法を用いれば，より効率よく探索することが可能かもしれない．

23.1 電磁場と量子力学

電磁波は波長の短いものから長いものの順に，γ線，X線，軟X線，紫外線，可視光線，近赤外線，赤外線，遠赤外線，マイクロ波，ラジオ波と分けられる．電磁波の波長λ/m，エネルギーE/eV，波数λ^{-1}/cm^{-1}，振動数ν/Hz の関係を**図23.1**～**図23.4**に示す．光速をc，プランク定数をhとすると，以下の関係がある．

$$E = h\nu = \frac{hc}{\lambda} \tag{23.1}$$

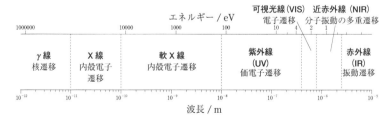

図23.1　電磁波の波長・エネルギーによる定義

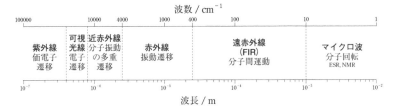

図23.2 電磁波の波長・波数による定義

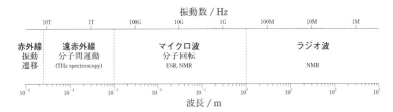

図23.3 電磁波の波長・振動数による定義

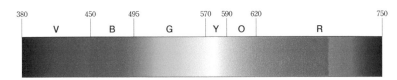

図23.4 可視光（VIS）のスペクトル
英語表示の色の筆頭アルファベットと波長 nm が上段に示されている.

23.2 電磁場

　電磁気学におけるマクスウェル（Maxwell）方程式を使って**電磁場**すなわち電磁波で光を表すのが普通であるが，量子系と相互作用するときは電磁波というより，光子という調和振動子の集まりの粒子像で捉えるのが便利である．19章で調和振動子のときにも用いたが，波動の場を粒子的な描像で表す光子の生成・消滅演算子を使って，粒子的な描像を得る手法を**第2量子化**という．光子を粒子的な描像で表して，電子と光子の弱い相互作用により一部の電子系が励起されるのを摂動論で解き，励起エネルギーや遷移確率を求める．詳しい導入は，例えば(注4)に詳しいので省略するが，電磁場のエネルギー（光子のエネルギー）は，生成・消滅演算子より

注4）量子力学（Ⅱ），13章，小出昭一郎，裳華房，1990.

$$\hat{H} = \sum_{\mathbf{k},\gamma} \hbar \omega_{\mathbf{k}} \hat{a}_{\mathbf{k}\gamma}^{\dagger} \hat{a}_{\mathbf{k}\gamma}$$

$$\hbar \omega_{\mathbf{k}} = h \frac{\omega_{\mathbf{k}}}{2\pi} = h \nu_{\mathbf{k}} = hc \frac{1}{\lambda_{\mathbf{k}}} = hc \frac{|\mathbf{k}|}{2\pi} = \frac{h}{2\pi} c |\mathbf{k}| \qquad (23.2)$$

$$\omega_{\mathbf{k}} = c |\mathbf{k}|$$

で与えられ，これはある意味で光子が調和振動子の集まりであることを示すものである．ここで $\mathbf{k}$ は波数ベクトルで，$\gamma (=1,2)$ は電磁場が横波であるので振幅の方向が2方向あることを示す．すなわち，2つの偏光方向がある

ことを示す．電子と電磁場の相互作用を表す摂動（光子とその吸収・放出の摂動）は，以下のように書くことができる (注4)．

$$\hat{H}^{(1)} = \frac{e}{m}\sqrt{\frac{\hbar}{2\varepsilon_0 V}}\sum_j\sum_{\mathbf{k}}\sum_{\gamma=1}^{2}\frac{1}{\sqrt{\omega_{\mathbf{k}}}}\left\{\hat{a}_{\mathbf{k}\gamma}e^{i\mathbf{k}\cdot\mathbf{r}_j}\left(\mathbf{e}_{\mathbf{k}\gamma}\cdot\mathbf{p}_j\right)e^{i\omega_{\mathbf{k}}t} + \hat{a}_{\mathbf{k}\gamma}^{\dagger}e^{-i\mathbf{k}\cdot\mathbf{r}_j}\left(\mathbf{e}_{\mathbf{k}\gamma}\cdot\mathbf{p}_j\right)e^{-i\omega_{\mathbf{k}}t}\right\}$$

$$(23.3)$$

ここで，e は電気素量，m は電子の質量，ε_0 は真空の誘電率，V は体積，$\mathbf{e}_{\mathbf{k}\gamma}$ は電磁波の偏光ベクトル，j は j 番目の電子，$\mathbf{r}_j, \mathbf{p}_j$ はそれぞれ j 番目の電子の位置ベクトル，運動量ベクトルである (注5)．

23.3 時間依存の摂動論

電子遷移による光の吸収・放出を考えるときには，初期状態，すなわち，摂動を受ける前の H_0 での固有状態の1つ（固有値，固有関数）から，相互作用という摂動が加わったときに系の状態がどのように変化するのかを調べるという手順をとる．それには，21章で解説した摂動論を用いる．系の状態（波動関数の）時間変化を取り扱うので，ここでは，時間に依存するシュレーディンガー方程式を用いるのが21章との違いである．

$$i\hbar\frac{\mathrm{d}}{\mathrm{d}t}\big|\psi(t)\big\rangle = \hat{H}\big|\psi(t)\big\rangle$$

また，以下の時間発展演算子 $\hat{U}$ を用いると (注6)，以下の関係を満たす．

$$\big|\psi(t)\big\rangle = e^{-i(t-t_0)\hat{H}/\hbar}\big|\psi(t_0)\big\rangle = \hat{U}(t,t_0)\big|\psi(t_0)\big\rangle,$$
$$\hat{U}(t,t_0) = e^{-i(t-t_0)\hat{H}/\hbar},$$
$$\hat{U}^{\dagger}(t,t_0)\hat{U}(t,t_0) = \hat{I},\ \hat{U}(t,t) = \hat{I},$$
$$\hat{U}^{\dagger}(t,t_0) = \hat{U}^{-1}(t,t_0) = \hat{U}(t_0,t),\ \hat{U}(t_1,t_2)\hat{U}(t_2,t_3) = \hat{U}(t_1,t_3)$$

$$(23.4)$$

時間に依存しない定常状態 $\hat{H}_0$ と電磁場と電子の相互作用を表す摂動 $\hat{V}(t)$ で系のハミルトニアンが以下のように定義できるとする．

$$\hat{H}(t) = \hat{H}_0 + \hat{V}(t)$$

$$(23.5)$$

いま，以下の波動関数を定義する．

$$\big|\psi(t)\big\rangle_I = e^{it\hat{H}_0/\hbar}\big|\psi(t)\big\rangle$$

$$(23.6)$$

ここで $|\psi(0)\rangle_I = |\psi(0)\rangle$ であり，I は**相互作用**(interaction)**表示**であることを示す．式(23.6)の両辺の左側から，$i\hbar\mathrm{d}/\mathrm{d}t$ を作用させると，以下の式が得られる．

$$i\hbar\frac{\mathrm{d}}{\mathrm{d}t}\big|\psi(t)\big\rangle_I = -\hat{H}_0 e^{it\hat{H}_0/\hbar}\big|\psi(t)\big\rangle + e^{it\hat{H}_0/\hbar}\left(i\hbar\frac{\mathrm{d}}{\mathrm{d}t}\big|\psi(t)\big\rangle\right)$$

$$= -\hat{H}_0\big|\psi(t)\big\rangle_I + e^{it\hat{H}_0/\hbar}\hat{H}\big|\psi(t)\big\rangle$$

$$= -\hat{H}_0\big|\psi(t)\big\rangle_I + \hat{H}_0\underbrace{e^{it\hat{H}_0/\hbar}\big|\psi(t)\big\rangle}_{=\big|\psi(t)\big\rangle_I} + \underbrace{e^{it\hat{H}_0/\hbar}\hat{V}(t)e^{-it\hat{H}_0/\hbar}}_{\equiv\hat{V}_I(t)}\underbrace{e^{it\hat{H}_0/\hbar}\big|\psi(t)\big\rangle}_{=\big|\psi(t)\big\rangle_I}$$

$$= \hat{V}_I(t)\big|\psi(t)\big\rangle_I$$

$$\tag{23.7}$$

ここで交換関係 $\left[\hat{H}_0, e^{it\hat{H}_0/\hbar}\right] = 0$ を用いた[注7]．これは，相互作用表示での波動関数の時間変化[注8]を表す．

摂動を受ける前の時間に依存しない定常状態では，固有値と固有関数は以下のように既知であるとする．

$$\hat{H}_0\big|\psi_n\big\rangle = E_n\big|\psi_n\big\rangle \tag{23.8}$$

摂動を受けた後の波動関数を $\big|\Psi(t)\big\rangle_I$ とすると，

$$i\hbar\frac{\mathrm{d}}{\mathrm{d}t}\big|\Psi(t)\big\rangle_I = \hat{V}_I(t)\big|\Psi(t)\big\rangle_I \tag{23.9}$$

となり，以下の式を代入して

$$\big|\Psi(t)\big\rangle_I = e^{it\hat{H}_0/\hbar}\big|\Psi(t)\big\rangle = e^{it\hat{H}_0/\hbar}\hat{U}(t,t_i)\big|\Psi(t_i)\big\rangle$$

$$= \underbrace{e^{it\hat{H}_0/\hbar}\hat{U}(t,t_i)e^{-it\hat{H}_0/\hbar}}_{=\hat{U}_I(t,t_i)}\big|\Psi(t_i)\big\rangle_I \tag{23.10a}$$

$$= \hat{U}_I(t,t_i)\big|\Psi(t_i)\big\rangle_I$$

したがって，$\hat{U}_I$ の時間発展方程式は以下のようになる．

$$i\hbar\frac{\mathrm{d}\hat{U}_I(t,t_i)}{\mathrm{d}t} = \hat{V}_I(t)\hat{U}_I(t,t_i) \tag{23.10b}$$

初期条件 $\hat{U}_I(t_i,t_i) = 1$ を使って積分すると

$$\hat{U}_I(t,t_i) = 1 - \frac{i}{\hbar}\int_{t_i}^t \hat{V}_I(t')\hat{U}_I(t',t_i)\mathrm{d}t' \tag{23.11}$$

となる．摂動論では，V は小さい（摂動は弱い）ことが前提となっている．したがって，式(23.11)の右辺第1項から順に考えていこう．まずは積分の中の U_I が1であるとすると，第1近似として

$$\hat{U}_I^{(1)}(t,t_i) = 1 - \frac{i}{\hbar}\int_{t_i}^t \hat{V}_I(t')\mathrm{d}t' \tag{23.12}$$

さらに，式(23.11)の積分の中の $\hat{U}_I$ を $\hat{U}_I^{(1)}$ で置き換えると，第2近似として

$$\hat{U}_I^{(2)}(t,t_i) = 1 - \frac{i}{\hbar}\int_{t_i}^t \hat{V}_I(t')\mathrm{d}t' + \left(-\frac{i}{\hbar}\right)^2\int_{t_i}^t \hat{V}_I(t_1)\mathrm{d}t_1\int_{t_i}^t \hat{V}_I(t_2)\mathrm{d}t_2 \tag{23.13}$$

が得られる．以降，逐次的に代入してより高次の相互作用を取り入れることができる．

注7) 指数関数を $e^{ix} = 1 + ix + (ix)^2/2! + (ix)^3/3! + \cdots$ と展開し，ハミルトニアンのべき乗どうしは交換可能であることから確かめられる．

注8) 量子力学では時間発展と呼ぶ．

23.4 遷移確率

摂動を受けていない始状態 i から終状態 f への**遷移確率** $P_{if}(t)$ は，終状態に式(23.10)を使うと，

$$P_{if}(t) = \left|\langle\psi_f|\hat{U}_I(t,t_i)|\psi_i\rangle\right|^2 \tag{23.14}$$

と書くことができる． U_I を $U_I^{(2)}$ で書くと

$$P_{if}(t) = \left|\langle\psi_f|\psi_i\rangle - \frac{i}{\hbar}\int_0^t \langle\psi_f|\hat{V}_I(t')|\psi_i\rangle \mathrm{d}t' + \cdots\right|^2 \tag{23.15}$$

となり，以下の関係を使う．

$$\begin{aligned}
\langle\psi_f|\psi_i\rangle &= \delta_{f,i}, \\
\langle\psi_f|\hat{V}_I(t')|\psi_i\rangle &= \langle\psi_f|e^{i\hat{H}_0 t'/\hbar}\hat{V}(t')e^{-i\hat{H}_0 t'/\hbar}|\psi_i\rangle \\
&= e^{i(E_f-E_i)t'/\hbar}\langle\psi_f|\hat{V}(t')|\psi_i\rangle \\
&= e^{i\omega_{fi}t'}\langle\psi_f|\hat{V}(t')|\psi_i\rangle
\end{aligned} \tag{23.16}$$

よって，$f \neq i$ のとき，

$$P_{if}(t) = \left|-\frac{i}{\hbar}\int_0^t \langle\psi_f|\hat{V}(t')|\psi_i\rangle e^{i\omega_{fi}t'}\mathrm{d}t'\right|^2 \tag{23.17}$$

となる．電磁場と電子の相互作用を表す摂動 $\hat{V}(t)$ の条件によって，対応する遷移確率が得られることになる．

例1 摂動が定数の場合

電子遷移の前に，最も単純な摂動が時間変化を含まない場合，すなわち，$\hat{V}(t) = \hat{V}$ である場合について考えてみよう．

$$\begin{aligned}
P_{if}(t) &= \frac{1}{\hbar^2}\left|\langle\psi_f|\hat{V}|\psi_i\rangle\int_0^t e^{i\omega_{fi}t'}\mathrm{d}t'\right|^2 = \frac{1}{\hbar^2}\left|\langle\psi_f|\hat{V}|\psi_i\rangle\right|^2\left|\frac{e^{i\omega_{fi}t}-1}{i\omega_{fi}}\right|^2 \\
&= \frac{1}{\hbar^2}\left|\langle\psi_f|\hat{V}|\psi_i\rangle\right|^2\frac{2-e^{i\omega_{fi}t}-e^{-i\omega_{fi}t}}{\omega_{fi}^2} = \frac{4\left|\langle\psi_f|\hat{V}|\psi_i\rangle\right|^2}{\hbar^2\omega_{fi}^2}\sin^2\left(\frac{\omega_{fi}t}{2}\right) \\
&= \frac{2\pi t}{\hbar}\left|\langle\psi_f|\hat{V}|\psi_i\rangle\right|^2\delta(\hbar\omega_{fi}) = \frac{2\pi t}{\hbar}\left|\langle\psi_f|\hat{V}|\psi_i\rangle\right|^2\delta(E_f-E_i)
\end{aligned} \tag{23.18}$$

ここで，デルタ関数の以下の性質を用いた．

$$\begin{aligned}
&\delta(x) = 0, \quad (x \neq 0) \\
&\int_{0-\varepsilon}^{0+\varepsilon}\delta(x)\mathrm{d}x = 1, \quad \int_{-\infty}^{+\infty}f(x)\delta(x-a)\mathrm{d}x = f(a), \\
&\delta(x) = \lim_{t\to\infty}\frac{\sin^2(xt)}{\pi x^2 t}, \quad \delta(ax) = \frac{1}{|a|}\delta(x)
\end{aligned} \tag{23.19}$$

ここで，$\hbar\omega_{fi} = \hbar\omega_f - \hbar\omega_i = E_f - E_i$ である．遷移確率を時間 t で割ったものを**遷移速度**と呼び，以下のように定義する．

$$\Gamma_{if} \equiv \frac{P_{if}}{t} = \frac{2\pi}{\hbar}\left|\langle\psi_f|\hat{V}|\psi_i\rangle\right|^2\delta(E_f-E_i) \tag{23.20}$$

終状態が離散状態ではなく連続状態で，$\rho(E_f)$ で分布しているとき，その場合に対応する遷移速度 W は状態数で積分すればいい．

$$W_{if} = \int \Gamma_{if} \rho(E_f)\mathrm{d}E_f = \frac{2\pi}{\hbar}\left|\langle\psi_f|\hat{V}|\psi_i\rangle\right|^2 \int \rho(E_f)\delta(E_f - E_i)\mathrm{d}E_f \tag{23.21}$$
$$= \frac{2\pi}{\hbar}\left|\langle\psi_f|\hat{V}|\psi_i\rangle\right|^2 \rho(E_i)$$

となる．ここで，再びデルタ関数の性質を用いた．式(23.20)と式(23.21)は**フェルミ**(Fermi)**の黄金律**(golden rule)と呼ばれる．E_f と E_i は等エネルギーとなる遷移である．

例2　調和振動子型の摂動

調和振動子型の摂動を考える．摂動 V が時間とともに振動すると，以下のように書かれる．

$$\hat{V}(t) = \hat{v}e^{i\omega t} + \hat{v}^{\dagger}e^{-i\omega t} \tag{23.22}$$

ここで，$v, v^{\dagger}$ は時間に依存しない演算子である．

式(23.3)より角振動数 ω で振動する電磁波と電子の相互作用がこの形で書かれる．そして，ある定常状態から別の定常状態への遷移を，この摂動は与える．その遷移確率は

$$P_{if}(t) = \frac{1}{\hbar^2}\left|\langle\psi_f|\hat{v}|\psi_i\rangle\int_0^t e^{i(\omega_{fi}+\omega)t'}\mathrm{d}t' + \langle\psi_f|\hat{v}^{\dagger}|\psi_i\rangle\int_0^t e^{i(\omega_{fi}-\omega)t'}\mathrm{d}t'\right|^2 \tag{23.23}$$

となる．式(23.23)の交差項 $vv^{\dagger}$ および $v^{\dagger}v$ は，この生成演算子と消滅演算子が対で入るので，状態間の遷移は起こらないため考慮しない．よって，

$$P_{if}(t) = \frac{1}{\hbar^2}\left|\langle\psi_f|\hat{v}|\psi_i\rangle\right|^2\left|\frac{e^{i(\omega_{fi}+\omega)t}-1}{\omega_{fi}+\omega}\right|^2 + \frac{1}{\hbar^2}\left|\langle\psi_f|\hat{v}^{\dagger}|\psi_i\rangle\right|^2\left|\frac{e^{i(\omega_{fi}-\omega)t}-1}{\omega_{fi}-\omega}\right|^2$$
$$= \frac{4}{\hbar^2}\left[\left|\langle\psi_f|\hat{v}|\psi_i\rangle\right|^2\frac{\sin^2\frac{(\omega_{fi}+\omega)t}{2}}{(\omega_{fi}+\omega)^2} + \left|\langle\psi_f|\hat{v}^{\dagger}|\psi_i\rangle\right|^2\frac{\sin^2\frac{(\omega_{fi}-\omega)t}{2}}{(\omega_{fi}-\omega)^2}\right]$$
$$\Gamma_{if} = \frac{2\pi}{\hbar}\left|\langle\psi_f|\hat{v}|\psi_i\rangle\right|^2\delta(E_f - E_i + \hbar\omega) + \frac{2\pi}{\hbar}\left|\langle\psi_f|\hat{v}^{\dagger}|\psi_i\rangle\right|^2\delta(E_f - E_i - \hbar\omega) \tag{23.24}$$

消滅演算子が現れる第1項は，終状態のエネルギーは始状態よりも減少しており，

$$E_f = E_i - \hbar\omega \tag{23.25}$$

となる．生成演算子が現れる第2項は，終状態のエネルギーは始状態よりも増加しており，

$$E_f = E_i + \hbar\omega \tag{23.26}$$

の関係にある（**図23.5**）．式(23.24)で $(\sin)^2$ 関数がデルタ関数になるには，$t \to \infty$ という近似を使っている．このことは相互作用が弱いために遷移するには長時間必要であるということを示している．

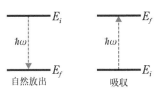

図23.5 光の放出（式(23.25)）と吸収（式(23.26)）と電子レベル

終状態が連続状態であれば，式(23.21)と同様にして

$$W_{if}(放出) = \frac{2\pi}{\hbar} \left| \langle \psi_f | \hat{v} | \psi_i \rangle \right|^2 \rho(E_f) \big|_{E_f = E_i - \hbar\omega}$$

$$W_{if}(吸収) = \frac{2\pi}{\hbar} \left| \langle \psi_f | \hat{v}^\dagger | \psi_i \rangle \right|^2 \rho(E_f) \big|_{E_f = E_i + \hbar\omega}$$

(23.27)

となる．ブラケットで挟んだものの絶対値は等しいので，以下の**詳細つり合い**が成立する．

$$\frac{W_{if}(放出)}{\rho(E_f) \big|_{E_f = E_i - \hbar\omega}} = \frac{W_{if}(吸収)}{\rho(E_f) \big|_{E_f = E_i + \hbar\omega}}$$

(23.28)

コラム23.1　フェルミの黄金律?

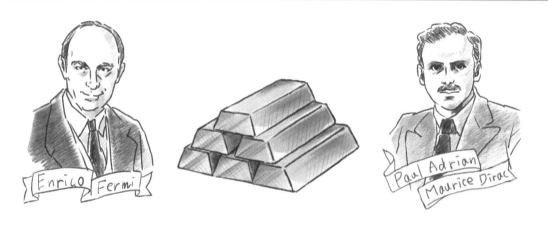

　エンリコ・フェルミ(Enrico Fermi)の黄金律といわれているが，定式化はフェルミが行うよりも20年も前にポール・ディラック(Paul Dirac)が行った．フェルミが，「この式は何にでも使える黄金律だ」といったことに名前は由来する．

　ディラックは，イギリスのブリストル生まれの理論物理学者である．量子力学および量子電磁気学の分野で多くの貢献をした．1933年にエルヴィン・シュレーディンガーとともにノーベル物理学賞を受賞している．1932年からケンブリッジ大学のルーカス教授職を務め，最後の14年間をフロリダ州立大学の教授として過ごした．

　ケンブリッジ大学の同僚はあまりにディラックが寡黙なため，冗談めかして「ディラック」という単位を作った．これは「1時間につき1単語」である．とても謙虚な性格であり，フェルミの黄金律と呼ばれても気にしなかったのであろう．ディラックの *The Principles of Quantum Mechanics* (1930)という教科書は図や表が1つもないが，理論を志すものは must read だといわれている．デルタ関数，ブラケット，相対論的な量子力学からのスピンの概念はディラックが作り出したものであり，量子力学の母(注9)と呼んでもいいのかもしれない．

(注9)マックス・プランクが量子論の父と呼ばれている．

23.5 電磁波の吸収・放出の遷移速度

式(23.3)で書かれた摂動は，以下のようにも書ける．

$$\hat{V}(t) = \hat{H}^{(1)} = \sum_j \sum_{\mathbf{k}} \sum_{\gamma=1}^{2} \left(\hat{v}_{\mathbf{k}\gamma j} e^{i\omega_k t} + \hat{v}_{\mathbf{k}\gamma j}^{\dagger} e^{-i\omega_k t} \right)$$

$$\hat{v}_{\mathbf{k}\gamma j} = \frac{e}{m}\sqrt{\frac{\hbar}{2\varepsilon_0 V \omega_{\mathbf{k}}}} \hat{a}_{\mathbf{k}\gamma} e^{i\mathbf{k}\cdot\mathbf{r}_j} \left(\mathbf{e}_{\mathbf{k}\gamma} \cdot \mathbf{p}_j \right), \qquad (23.29)$$

$$\hat{v}_{\mathbf{k}\gamma j}^{\dagger} = \frac{e}{m}\sqrt{\frac{\hbar}{2\varepsilon_0 V \omega_{\mathbf{k}}}} \hat{a}_{\mathbf{k}\gamma}^{\dagger} e^{-i\mathbf{k}\cdot\mathbf{r}_j} \left(\mathbf{e}_{\mathbf{k}\gamma} \cdot \mathbf{p}_j \right)$$

3つの和以外の寄与を除けば，例2の調和振動子と同じ方法で解くことができる．式(23.24)は以下のようになる．

$$\Gamma_{if} = \frac{2\pi}{\hbar} \left| \sum_j \sum_{\mathbf{k}} \sum_{\gamma=1}^{2} \langle \Psi_f | \hat{v}_{\mathbf{k}\gamma j} | \Psi_i \rangle \right|^2 \delta(E_f - E_i + \hbar\omega_{\mathbf{k}})$$

$$+ \frac{2\pi}{\hbar} \left| \sum_j \sum_{\mathbf{k}} \sum_{\gamma=1}^{2} \langle \Psi_f | \hat{v}_{\mathbf{k}\gamma j}^{\dagger} | \Psi_i \rangle \right|^2 \delta(E_f - E_i - \hbar\omega_{\mathbf{k}}) \qquad (23.30)$$

新たに，波動関数 Ψ を以下のように電子系と電磁場系の波動関数の積で書かれるとする．

$$|\Psi_i\rangle = |\psi_i\rangle |n_1, n_2, n_3, \cdots, n_{\mathbf{k}\gamma}, \cdots\rangle$$

$$|\Psi_f\rangle = |\psi_f\rangle |n_1, n_2, n_3, \cdots, n_{\mathbf{k}\gamma} \pm 1, \cdots\rangle \qquad (23.31)$$

ここで，ψ_i, ψ_f は電子の波動関数で，$|n_1, n_2, ..., n_{\mathbf{k}\gamma}...\rangle$ は電磁場の波動関数である．

式(23.30)の行列要素 $\langle \Psi_f | \hat{v}_{\mathbf{k}\gamma j} | \Psi_i \rangle$ で消滅演算子が入った項で0ではないのは，($\mathbf{k}\gamma$ の和がはずれる)以下の場合である．

$$\sum_j \sum_{\mathbf{k}} \sum_{\gamma=1}^{2} \langle \Psi_f | \hat{v}_{\mathbf{k}\gamma j} | \Psi_i \rangle$$

$$= \frac{e}{m}\sqrt{\frac{\hbar}{2\varepsilon_0 V \omega_{\mathbf{k}}}} \langle \psi_f | \sum_j e^{i\mathbf{k}\cdot\mathbf{r}_j} \left(\mathbf{e}_{\mathbf{k}\gamma} \cdot \mathbf{p}_j \right) | \psi_i \rangle \langle n_{\mathbf{k}\gamma} - 1 | \hat{a}_{\mathbf{k}\gamma} | n_{\mathbf{k}\gamma} \rangle \qquad (23.32)$$

$$= \frac{e}{m}\sqrt{\frac{\hbar}{2\varepsilon_0 V \omega_{\mathbf{k}}}} \sqrt{n_{\mathbf{k}\gamma}} \langle \psi_f | \sum_j e^{i\mathbf{k}\cdot\mathbf{r}_j} \left(\mathbf{e}_{\mathbf{k}\gamma} \cdot \mathbf{p}_j \right) | \psi_i \rangle$$

ここで，以下の関係を使った．

$$\langle n_{\mathbf{k}\gamma} - 1 | \hat{a}_{\mathbf{k}\gamma} | n_{\mathbf{k}\gamma} \rangle = \sqrt{n_{\mathbf{k}\gamma}} \qquad (23.33)$$

式(23.30)の行列要素 $\langle \Psi_f | \hat{v}_{\mathbf{k}\gamma j}^{\dagger} | \Psi_i \rangle$ で生成演算子が入った項で0でないのは，($\mathbf{k}\gamma$ の和がはずれる)以下の場合である．

$$\sum_j \sum_{\mathbf{k}} \sum_{\gamma=1}^{2} \langle \Psi_f | \hat{v}_{\mathbf{k}\gamma j}^{\dagger} | \Psi_i \rangle$$

$$= \frac{e}{m}\sqrt{\frac{\hbar}{2\varepsilon_0 V \omega_{\mathbf{k}}}} \langle \psi_f | \sum_j e^{-i\mathbf{k}\cdot\mathbf{r}_j} \left(\mathbf{e}_{\mathbf{k}\gamma} \cdot \mathbf{p}_j \right) | \psi_i \rangle \langle n_{\mathbf{k}\gamma} + 1 | \hat{a}_{\mathbf{k}\gamma}^{\dagger} | n_{\mathbf{k}\gamma} \rangle \qquad (23.34)$$

$$= \frac{e}{m}\sqrt{\frac{\hbar}{2\varepsilon_0 V \omega_{\mathbf{k}}}} \sqrt{n_{\mathbf{k}\gamma} + 1} \langle \psi_f | \sum_j e^{-i\mathbf{k}\cdot\mathbf{r}_j} \left(\mathbf{e}_{\mathbf{k}\gamma} \cdot \mathbf{p}_j \right) | \psi_i \rangle$$

ここで，以下の関係を使った．

$$\langle n_{\mathbf{k}\gamma}+1|\hat{a}_{\mathbf{k}\gamma}^{\dagger}|n_{\mathbf{k}\gamma}\rangle = \sqrt{n_{\mathbf{k}\gamma}+1} \tag{23.35}$$

式(23.32)では $\mathbf{k}\gamma$ の光子が消滅するので放出を表す遷移速度となり，式(23.34)は $\mathbf{k}\gamma$ の光子が生成されるので吸収を表す遷移速度となり，以下で表される．

$$\Gamma_{if}(放出)$$
$$= \frac{e^2}{m^2}\frac{\pi}{\varepsilon_0 V\omega_{\mathbf{k}}}(n_{\mathbf{k}\gamma}+1)\left|\langle\psi_f|\sum_j e^{-i\mathbf{k}\cdot\mathbf{r}_j}(\mathbf{e}_{\mathbf{k}\gamma}\cdot\mathbf{p}_j)|\psi_i\rangle\right|^2 \delta(E_f - E_i + \hbar\omega_{\mathbf{k}}) \tag{23.36}$$

$$\Gamma_{if}(吸収)$$
$$= \frac{e^2}{m^2}\frac{\pi}{\varepsilon_0 V\omega_{\mathbf{k}}}n_{\mathbf{k}\gamma}\left|\langle\psi_f|\sum_j e^{i\mathbf{k}\cdot\mathbf{r}_j}(\mathbf{e}_{\mathbf{k}\gamma}\cdot\mathbf{p}_j)|\psi_i\rangle\right|^2 \delta(E_f - E_i - \hbar\omega_{\mathbf{k}}) \tag{23.37}$$

ここまで電磁波を波数ベクトル $\mathbf{k}$ と偏光 γ で表したが，$\mathbf{k}$ を連続変数とみなして $\mathbf{k}$ の大きさと $\mathbf{k}$ 空間での微少立体角 $d\Omega$ で表される $\mathbf{k}$ 空間の微少体積 $k^2 dk d\Omega$ を定義して，遷移確率を計算すると，実験結果を解釈しやすい．

不確定性原理から，$\Delta p_x \Delta x \approx h$ である．光子はある体積に $V = L^3$ に存在するとして，$\Delta x = L$ という不確定性をもたせると，$\Delta p_x \approx h/L$, $\Delta p_x = (h/2\pi)\Delta k_x \approx h/L$, $\Delta k_x \approx 2\pi/L$ となり，$\Delta \mathbf{k} = \Delta k_x \Delta k_y \Delta k_z = 8\pi^3/V$ にただ1つの状態があることになる．したがって，$\mathbf{k}$ 空間の微少体積 $k^2 dk d\Omega$ には

$$\frac{k^2 dk d\Omega}{8\pi^3/V} = \frac{V}{8\pi^3}k^2 dk d\Omega = \frac{V}{8\pi^3 c^3}\omega_{\mathbf{k}}^2 d\omega_{\mathbf{k}} d\Omega \tag{23.38}$$

個の $\mathbf{k}$ が存在できる．ここで光子に成り立つ関係 $k = \omega_{\mathbf{k}}/c$, $dk = d\omega_{\mathbf{k}}/c$ を使った．角振動数が $\omega_{\mathbf{k}}$ と $\omega_{\mathbf{k}}+d\omega_{\mathbf{k}}$ にあり進行方向が微少立体角 $d\Omega$ にある光を放出または吸収して ψ_i から ψ_f への遷移速度は以下のように計算できる．

$$dW_{if}(放出) = \frac{V}{8\pi^3 c^3}d\Omega\int\omega^2\Gamma_{if}(放出)d\omega$$
$$dW_{if}(吸収) = \frac{V}{8\pi^3 c^3}d\Omega\int\omega^2\Gamma_{if}(吸収)d\omega \tag{23.39}$$

23.5.1 行列要素

式(23.36)，(23.37)の行列要素について考えてみよう．$\exp(i\mathbf{k}\cdot\mathbf{r}_j)$ において $\mathbf{k}\cdot\mathbf{r}_j$ の大きさについて考える．可視光で考え，波長 λ は例えば 600 nm $= 6\times 10^{-7}$ m となる．$\mathbf{r}_j$ は分子内の原子間距離として $a_0 = 3\,\text{Å} = 3\times 10^{-10}$ m とする．

$$kr_j = \frac{2\pi}{\lambda}a_0 \simeq \frac{6}{6\times 10^{-7}}3\times 10^{-10} = 3\times 10^{-3} \ll 1 \tag{23.40}$$

となるため，$\exp(\pm i\mathbf{k}\cdot\mathbf{r}_j)$ はテイラー展開できて

$$e^{\pm i\mathbf{k}\cdot\mathbf{r}_j} = 1\pm i\mathbf{k}\cdot\mathbf{r}_j - \frac{1}{2}(\mathbf{k}\cdot\mathbf{r}_j)^2 + \cdots \tag{23.41}$$

となる．この展開で第1項だけをとると，以下のようになる．

$$\langle\psi_f|\sum_j e^{\pm i\mathbf{k}\cdot\mathbf{r}_j}\left(\mathbf{e}_{\mathbf{k}\gamma}\cdot\mathbf{p}_j\right)|\psi_i\rangle\simeq\langle\psi_f|\sum_j\left(\mathbf{e}_{\mathbf{k}\gamma}\cdot\mathbf{p}_j\right)|\psi_i\rangle \tag{23.42}$$

電子系のハミルトニアンをH_eとすると，

$$H_e=\sum_j\frac{\mathbf{p}_j^2}{2m}+V(\mathbf{r}_1,\mathbf{r}_2,...,\mathbf{r}_N)$$

$$[H_e,x_j]=\frac{1}{2m}\left(\mathbf{p}_j^2 x_j-x_j\mathbf{p}_j^2\right)=-\frac{\hbar^2}{2m}\left(\frac{\partial^2}{\partial x_j^2}x_j-x_j\frac{\partial^2}{\partial x_j^2}\right) \tag{23.43}$$

$$=-\frac{\hbar^2}{2m}2\frac{\partial}{\partial x_j}=-i\frac{\hbar}{m}(\mathbf{p}_j)_x$$

したがって，運動量ベクトルは

$$\mathbf{p}_j=i\frac{m}{\hbar}[H_e,\mathbf{r}_j] \tag{23.44}$$

となる．

$$\langle\psi_f|\sum_j(\mathbf{e}_{\mathbf{k}\gamma}\cdot\mathbf{p}_j)|\psi_i\rangle=\sum_j\mathbf{e}_{\mathbf{k}\gamma}\cdot\langle\psi_f|\mathbf{p}_j|\psi_i\rangle=i\frac{m}{\hbar}\sum_j\mathbf{e}_{\mathbf{k}\gamma}\cdot\langle\psi_f|H_e\mathbf{r}_j-\mathbf{r}_jH_e|\psi_i\rangle$$

$$=i\frac{m}{\hbar}(E_f-E_i)\mathbf{e}_{\mathbf{k}\gamma}\cdot\langle\psi_f|\sum_j\mathbf{r}_j|\psi_i\rangle=im\,\omega_{fi}\mathbf{e}_{\mathbf{k}\gamma}\cdot\langle\psi_f|\sum_j\mathbf{r}_j|\psi_i\rangle$$

$$\frac{E_f-E_i}{\hbar}\equiv\omega_{fi} \tag{23.45}$$

$$\Gamma_{if}(放出)$$
$$=\frac{\pi\omega_{fi}^2}{\varepsilon_0 V\omega_{\mathbf{k}}}(n_{\mathbf{k}\gamma}+1)\left|\langle\psi_f|\mathbf{e}_{\mathbf{k}\gamma}\cdot(-e\sum_j\mathbf{r}_j)|\psi_i\rangle\right|^2\delta(E_f-E_i+\hbar\omega_{\mathbf{k}})$$
$$\Gamma_{if}(吸収) \tag{23.46}$$
$$=\frac{\pi\omega_{fi}^2}{\varepsilon_0 V\omega_{\mathbf{k}}}n_{\mathbf{k}\gamma}\left|\langle\psi_f|\mathbf{e}_{\mathbf{k}}\cdot(-e\sum_j\mathbf{r}_j)|\psi_i\rangle\right|^2\delta(E_f-E_i-\hbar\omega_{\mathbf{k}})$$

いま電子系の電気双極子モーメントベクトル$\vec{\mu}$を

$$\vec{\mu}\equiv-e\sum_j\mathbf{r}_j \tag{23.47}$$

で定義すると，

$$\Gamma_{if}(放出)=\frac{\pi\omega_{fi}^2}{\varepsilon_0 V\omega_{\mathbf{k}}}(n_{\mathbf{k}\gamma}+1)\left|\langle\psi_f|\mathbf{e}_{\mathbf{k}\gamma}\cdot\vec{\mu}|\psi_i\rangle\right|^2\delta(E_f-E_i+\hbar\omega_{\mathbf{k}}) \tag{23.48}$$

$$\Gamma_{if}(吸収)=\frac{\pi\omega_{fi}^2}{\varepsilon_0 V\omega_{\mathbf{k}}}n_{\mathbf{k}\gamma}\left|\langle\psi_f|\mathbf{e}_{\mathbf{k}\gamma}\cdot\vec{\mu}|\psi_i\rangle\right|^2\delta(E_f-E_i-\hbar\omega_{\mathbf{k}})$$

となる．式(23.48)のブラケットで電気双極子モーメントベクトルと偏光ベクトルの内積の行列要素が0ではないときは，遷移が起こり電気双極子遷移が許されているという．行列要素が0のときは電気双極子遷移が禁止されているという．電子が横波の電磁波で揺すられてエネルギーを得たり失ったりすることを，この式は意味している．

　遷移が禁止されているときは，式(23.41)の展開の第2項以下を考えなく

注10) 量子力学（II），13章，小出昭一郎，裳華房，1990を参照.

てはならない（注10）．ここでは詳しく述べないが，電気四極子遷移や磁気双極子遷移（磁気共鳴では重要）がこれに相当する．テイラー展開からも明らかなように，電気双極子遷移が最も強度が強いので，電気双極子遷移が禁止されているのに，電磁波の吸収・放出が起こるときに，これらの高次項の寄与を考えればよい.

また遷移速度は，以下のように変形される.

$$
\begin{aligned}
&\mathrm{d}W_{if}\,(\text{放出}) \\
&= \frac{V}{8\pi^3 c^3}\mathrm{d}\Omega \int \omega_{\mathbf{k}}^2 \Gamma_{if}\,(\text{放出})\,\mathrm{d}\omega_{\mathbf{k}} \\
&= \frac{V}{8\pi^3 c^3}\frac{\pi}{\varepsilon_0 V}\mathrm{d}\Omega\int \frac{\omega_{fi}^2}{\omega_{\mathbf{k}}}\omega_{\mathbf{k}}^2 (n_{\mathbf{k}\gamma}+1)\big|\langle\psi_f|\mathbf{e}_{\mathbf{k}\gamma}\cdot\vec{\mu}|\psi_i\rangle\big|^2 \delta(E_f-E_i+\hbar\omega_{\mathbf{k}})\mathrm{d}\omega_{\mathbf{k}} \\
&= \frac{1}{8\pi^2\varepsilon_0 c^3}\mathrm{d}\Omega\int\omega_{fi}^2\omega_{\mathbf{k}}\underbrace{(n_{\mathbf{k}\gamma}+1)\big|\langle\psi_f|\mathbf{e}_{\mathbf{k}\gamma}\cdot\vec{\mu}|\psi_i\rangle\big|^2}_{=\text{const.}}\delta(\hbar\omega_{fi}+\hbar\omega_{\mathbf{k}})\mathrm{d}\omega_{\mathbf{k}} \\
&= \frac{1}{8\pi^2\hbar\varepsilon_0 c^3}\mathrm{d}\Omega\,\omega_{\mathbf{k}}^3 (n_{\mathbf{k}\gamma}+1)\big|\langle\psi_f|\mathbf{e}_{\mathbf{k}\gamma}\cdot\vec{\mu}|\psi_i\rangle\big|^2
\end{aligned}
\tag{23.49}
$$

$$
\begin{aligned}
&\mathrm{d}W_{if}\,(\text{吸収}) \\
&= \frac{V}{8\pi^3 c^3}\mathrm{d}\Omega \int \omega_{\mathbf{k}}^2 \Gamma_{if}\,(\text{吸収})\,\mathrm{d}\omega_{\mathbf{k}} \\
&= \frac{V}{8\pi^3 c^3}\frac{\pi}{\varepsilon_0 V}\mathrm{d}\Omega\int \frac{\omega_{fi}^2}{\omega_{\mathbf{k}}}\omega_{\mathbf{k}}^2 n_{\mathbf{k}\gamma}\big|\langle\psi_f|\mathbf{e}_{\mathbf{k}\gamma}\cdot\vec{\mu}|\psi_i\rangle\big|^2 \delta(E_f-E_i-\hbar\omega_{\mathbf{k}})\mathrm{d}\omega_{\mathbf{k}} \\
&= \frac{1}{8\pi^2\varepsilon_0 c^3}\mathrm{d}\Omega\int\omega_{fi}^2\omega_{\mathbf{k}}\underbrace{n_{\mathbf{k}\gamma}\big|\langle\psi_f|\mathbf{e}_{\mathbf{k}\gamma}\cdot\vec{\mu}|\psi_i\rangle\big|^2}_{=\text{const.}}\delta(\hbar\omega_{fi}-\hbar\omega_{\mathbf{k}})\mathrm{d}\omega_{\mathbf{k}} \\
&= \frac{1}{8\pi^2\hbar\varepsilon_0 c^3}\mathrm{d}\Omega\,\omega_{\mathbf{k}}^3 n_{\mathbf{k}\gamma}\big|\langle\psi_f|\mathbf{e}_{\mathbf{k}\gamma}\cdot\vec{\mu}|\psi_i\rangle\big|^2
\end{aligned}
\tag{23.50}
$$

ここで，体積の寄与が消えていることに注意してほしい．また，光子の数の分布と行列要素は光子の角振動数の積分には寄与しないとした.

電子状態 ψ_i を自由電子に対する平面波 $\exp(i\boldsymbol{\kappa}\cdot\mathbf{r})$ とすると，電子のスピンはそのままで運動量が光子の運動量 $\pm\mathbf{k}$ を授受して $(\boldsymbol{\kappa}\pm\mathbf{k})$ の運動量をもつ．光子を吸収・放出した後の平面波のエネルギーと吸収・放出する前のエネルギー差は

$$
\Delta E = \frac{\hbar^2}{2m}\Big[(\boldsymbol{\kappa}\pm\mathbf{k})^2-\kappa^2\Big],\ |\mathbf{k}|=\frac{2\pi}{\lambda}=\frac{2\pi\nu}{c}=\frac{\omega_{\mathbf{k}}}{c},\ |\boldsymbol{\kappa}|=\frac{2\pi}{a}
\tag{23.51}
$$

となる．ここで，$c=3\times10^8\,\mathrm{m\,s^{-1}}$，可視光の角振動数 $\omega_{\mathbf{k}}=3\times10^{15}\,\mathrm{s^{-1}}$，原子間隔の距離 $a=3\times10^{-10}\,\mathrm{m}$，$|\mathbf{k}|=1\times10^7\,\mathrm{m^{-1}}$，$|\boldsymbol{\kappa}|=2\times10^{10}\,\mathrm{m^{-1}}$ とすれば，$|\boldsymbol{\kappa}|\gg|\mathbf{k}|$ となり，光子のエネルギー（可視光の 2 eV）に比べて ΔE は小さい値しかとれないため，光の吸収・放出は起こらない．固体内の電子では，周期境界条件から波数ベクトルに対して周期性で折り返されて，自由電子では不可能であった光の垂直遷移が可能になる.

一方，原子系では，局在している軌道間を遷移することが可能となる．ここでは，その選択則を簡単な原子系に対して求めてみよう．行列要素 $\langle\psi_f|\mathbf{e}_{\mathbf{k}\gamma}\cdot\vec{\mu}|\psi_i\rangle$

に着目する．スピンに関する演算子はないので，吸収・放出ともに原子電子系のスピンは変化しない．$\mathbf{e_{k\gamma}}$ は単位ベクトルであるので，簡単のために z 方向の単位ベクトルとしよう．

ψ_i と ψ_f に水素原子型の波動関数を採用する．

$$R_{nl}(r)Y_{l,m}(\theta,\phi) \tag{23.52}$$

電気双極子モーメントベクトルとの内積は，

$$
\begin{aligned}
&|\vec{\mu}| = \mu \\
&\vec{\mu} = \mu(\sin\theta\cos\phi\,\mathbf{i} + \sin\theta\sin\phi\,\mathbf{j} + \cos\theta\,\mathbf{k}) \\
&\mathbf{e_{k\gamma}} = (\mathbf{e_{k\gamma}})_x\,\mathbf{i} + (\mathbf{e_{k\gamma}})_y\,\mathbf{j} + (\mathbf{e_{k\gamma}})_z\,\mathbf{k} \\
&\mathbf{e_{k\gamma}} \cdot \vec{\mu} = \mu\big[(\mathbf{e_{k\gamma}})_x \sin\theta\cos\phi + (\mathbf{e_{k\gamma}})_y \sin\theta\sin\phi + (\mathbf{e_{k\gamma}})_z \cos\theta\big]
\end{aligned} \tag{23.53}
$$

となり，式(20.18)より，

$$
\sin\theta\cos\phi = \sqrt{\frac{2\pi}{3}}\,(Y_{1,1}+Y_{1,-1}), \quad \sin\theta\sin\phi = -i\sqrt{\frac{2\pi}{3}}\,(Y_{1,1}-Y_{1,-1}),
$$
$$
\cos\theta = \sqrt{\frac{4\pi}{3}}\,Y_{1,0} \tag{23.54}
$$

となるので，

$$
\mathbf{e_{k\gamma}} \cdot \vec{\mu}
$$
$$
= \mu\sqrt{\frac{4\pi}{3}}\left[\frac{(\mathbf{e_{k\gamma}})_x - i(\mathbf{e_{k\gamma}})_y}{\sqrt{2}}Y_{1,1} + \frac{(\mathbf{e_{k\gamma}})_x + i(\mathbf{e_{k\gamma}})_y}{\sqrt{2}}Y_{1,-1} + (\mathbf{e_{k\gamma}})_z\,Y_{1,0}\right]
$$
$$
\tag{23.55}
$$

で与えられる．行列要素 $\langle\psi_f|\mathbf{e_{k\gamma}}\cdot\vec{\mu}|\psi_i\rangle$ は動径部分の積分は 0 にならないので，

$$
\int Y_{l_f,m_f}(\theta,\phi)Y_{1,m}(\theta,\phi)\int Y_{l_i,m_i}(\theta,\phi)\mathrm{d}\Omega = \langle l_f,m_f|Y_{1,m}|l_i,m_i\rangle \tag{23.56}
$$

が 0 になったりならなかったりするので，選択則を決定する重要な項となる．詳細はこの行列要素をきちんと計算する必要があるが[注11]，原子系での電気双極子遷移において，

$$
\begin{aligned}
&l_f = l_i \pm 1, \quad m_f = m_i \\
&l_f = l_i \pm 1, \quad m_f = m_i \pm 1
\end{aligned} \tag{23.57}
$$

注11) 例えば，Quantum Mechanics: Concepts ans Applications 2nd ed., in Chap.7 Problem 7.8, N. Zettili, Wiley, 2009 を参照．

以外はすべて 0 となる．すなわち，1s → 2s，2p → 3p での遷移は起こらず，1s → 2p，2p → 3s，2p → 3d の遷移は起こる．式(23.57)で磁気量子数が変わらない（$m_f = m_i$）のは，電場ベクトルが z 方向を向いている場合で，電場方向が x 方向または y 方向を向いている場合は ± 1 変化（$m_f = m_i \pm 1$）する．

23.5.2 振動子強度

あるエネルギー（振動数，波長，波数）の吸収・放出スペクトルの強度を実験と比較することが求められることがある．上で求めた式から計算してもよ

いが，ある基準との比較をしたほうがわかりやすい．電気双極子遷移の場合は，以下を出発点とする．

$$F_{if} = \left| \left\langle \psi_f \left| \frac{e}{m} \sum_j (\mathbf{e}_{\mathbf{k}\gamma} \cdot \mathbf{p}_j) \right| \psi_i \right\rangle \right|^2 = \left(\frac{E_f - E_i}{\hbar} \right)^2 \left| \left\langle \psi_f \left| (\mathbf{e}_{\mathbf{k}\gamma} \cdot \vec{\mu}) \right| \psi_i \right\rangle \right|^2 \quad (23.58)$$

比較する標準状態として，電子と同じ質量・電荷をもち，光の電場方向に振動している1次元の調和振動子を考える．そのエネルギーは $\hbar\omega_0 = |E_f - E_i|$ であるものとする．基底状態から第一励起状態への $F_{if}^{(0)}$ は，

$$F_{if}^{(0)} = \omega_0^2 \left| \langle 1|ex|0\rangle \right|^2 \quad (23.59)$$

となる．行列要素 $\langle 1|ex|0 \rangle$ を式(19.80)より，生成・消滅演算子を使って書き換えると

$$
\begin{aligned}
\hat{x} &= \sqrt{\frac{\hbar}{2m\omega_0}} (\hat{a}^\dagger + \hat{a}) \\
\hat{a}^\dagger |n\rangle &= \sqrt{n+1}\,|n+1\rangle, \quad \hat{a}|n\rangle = \sqrt{n}\,|n-1\rangle \\
\hat{x}|0\rangle &= \sqrt{\frac{\hbar}{2m\omega_0}} (\hat{a}^\dagger + \hat{a})|0\rangle = \sqrt{\frac{\hbar}{2m\omega_0}}|1\rangle \\
\langle 1|ex|0\rangle &= e\sqrt{\frac{\hbar}{2m\omega_0}} \\
F_{if}^{(0)} &= \omega_0^2 e^2 \frac{\hbar}{2m\omega_0} = \frac{e^2\hbar\omega_0}{2m}
\end{aligned}
\quad (23.60)
$$

となる．ここで導いた式を使って，式(23.58)と式(23.60)の比として以下の**振動子強度**(oscillator strength) f_{if} を求めることができる．

$$f_{if} \equiv \frac{F_{if}}{F_{if}^{(0)}} = \frac{2m\omega_0}{e^2\hbar} \left| \left\langle \psi_f \left| (\mathbf{e}_{\mathbf{k}\gamma} \cdot \vec{\mu}) \right| \psi_i \right\rangle \right|^2 \quad (23.61)$$

また，以下の**トーマス–ライヒェ–クーンの総和則**も位置と運動量の交換関係を使って容易に示すことができる[注12]．

$$\sum_j f_{ij} = 1 \quad (23.62)$$

例えば水素原子の 1s → 2p 遷移を，エネルギーがこの遷移に等しい光(直線偏光)で偏光方向が z 方向であるとして，振動子強度を計算すると $f_{1s\to2p} = 0.42$ となる(演習問題23.4)．電気双極子遷移の場合1に近い値をとる．

注12) 量子力学II，第12章§98，A.S.ダビドフ(著)，北門新作ほか(訳)，新科学出版社，1979を参照．

23.5.3 赤外吸収分光

23.5.1項～23.5.2項で述べたUV–VIS分光の基礎理論に続いて，赤外吸収分光についても考える．本来はHerzberg–Teller展開[注13]を使って選択則を求めるのがより正確である．ここでは，簡易的な説明にとどめたい．

電子状態が同じ e にあり，分子の振動状態が v, v' にある分子の波動関数を

注13) Herzberg–Teller展開については，大学院講義物理化学，小谷正博，染田清彦，幸田清一郎(著)，近藤保(編)，東京化学同人，1997を参照．

$$|f\rangle = |e\,v'\rangle \tag{23.63}$$
$$|i\rangle = |e\,v\rangle$$

とする．分子振動は調和振動していると近似すると，q を変位とすれば

$$|v(q)\rangle = \left(2^v\,v!\right)^{-1/2}\left(\frac{M\omega}{\pi\hbar}\right)^{1/4}e^{-\xi^2/2}H_v(\xi) \tag{23.64}$$
$$\xi = \left(\frac{M\omega}{\hbar}\right)^{1/2}q$$

となる．ここで，ω は調和振動の角振動数，M は換算質量で m_1, m_2 をもつ異核 2 原子分子の場合 $M = m_1 m_2/(m_1 + m_2)$ である．遷移の行列要素は，

$$\langle f|\vec{\mu}|i\rangle$$
$$= \left(2^{v'}\,v'!\right)^{-1/2}\left(2^v\,v!\right)^{-1/2}\left(\frac{M\omega}{\pi\hbar}\right)^{1/2}\int dq\, H_{v'}(\xi)e^{-\xi^2/2}\vec{\mu}_e(q)H_v(\xi)e^{-\xi^2/2}$$
$$\vec{\mu}_e(q) \equiv \langle e|\vec{\mu}|e\rangle$$
$$\vec{\mu}_e(q) = \vec{\mu}_e(0) + \left(\frac{d\vec{\mu}_e}{dq}\right)_0 q\hat{\mathbf{q}} + \cdots$$
$$d\xi = \left(\frac{M\omega}{\hbar}\right)dq \tag{23.65}$$

となるので，

$$\langle f|\vec{\mu}|i\rangle$$
$$= \frac{\left(2^{v'}\,v'!\right)^{-1/2}\left(2^v\,v!\right)^{-1/2}}{\pi^{1/2}}\int d\xi\, H_{v'}(\xi)\left[\vec{\mu}_e(0) + \left(\frac{d\vec{\mu}_e}{dq}\right)_0 q\hat{\mathbf{q}}\right]H_v(\xi)e^{-\xi^2}$$
$$= \frac{\left(2^{v'}\,v'!\right)^{-1/2}\left(2^v\,v!\right)^{-1/2}}{1/2}\left[\vec{\mu}_e(0)\pi^{1/2}2^v\,v!\,\delta_{v',v}\right.$$
$$\left. + \hat{\mathbf{q}}\left(\frac{d\vec{\mu}_e}{dq}\right)_0\left(\frac{M\omega}{\hbar}\right)^{-1/2}\int d\xi\, H_{v'}(\xi)\xi H_v(\xi)e^{-\xi^2}\right]$$
$$\int d\xi\, H_{v'}(\xi)H_v(\xi)e^{-\xi^2} = \pi^{1/2}2^v\,v!\,\delta_{v',v}$$
$$\xi H_i(\xi) = iH_{i-1}(\xi) + \frac{1}{2}H_{i+1}(\xi)$$
$$\langle f|\vec{\mu}|i\rangle = \frac{\left(2^{v'}\,v'!\right)^{-1/2}\left(2^v\,v!\right)^{-1/2}}{\pi^{1/2}}\left[\vec{\mu}_e(0)\pi^{1/2}2^v\,v!\,\delta_{v',v} + \hat{\mathbf{q}}\left(\frac{d\vec{\mu}_e}{dq}\right)_0\left(\frac{M\omega}{\hbar}\right)^{-1/2}\right.$$
$$\left. \int d\xi\, H_{v'}(\xi)\left(vH_{v-1}(\xi) + \frac{1}{2}H_{v+1}(\xi)\right)e^{-\xi^2}\right]$$
$$= \vec{\mu}_e(0)\delta_{v',v} + \left(2^{v'}\,v'!\right)^{-1/2}\left(2^v\,v!\right)^{-1/2}\hat{\mathbf{q}}\left(\frac{d\vec{\mu}_e}{dq}\right)_0\left(\frac{M\omega}{\hbar}\right)^{-1/2}\left(v\delta_{v',v-1} + \frac{1}{2}\delta_{v',v+1}\right) \tag{23.66}$$

となる．第 1 項は，吸収も放出もない．第 2 項は

$$v' - v = \pm 1 \tag{23.67}$$
$$\left(\frac{d\vec{\mu}_e}{dq}\right)_0 \neq 0$$

のときに遷移が起こるので，これが赤外吸収放出の選択則を与える．すなわ

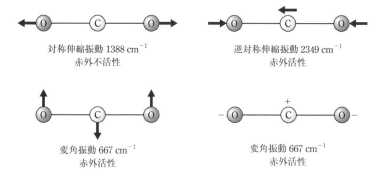

図23.6　二酸化炭素の振動モード，振動数，赤外活性の有無
変角振動が CO_2 の温室効果をになう.

ち，分子振動によって双極子モーメントが誘起される場合に赤外吸収が起こることを示している．二酸化炭素と水分子の場合の振動モードを**図 23.6** と**図23.7** に示す.

　分子振動の変位 q が大きい場合，調和振動子からのずれである非調和性を考慮しなくてはならない．すなわち，式(23.65)の展開を 2 次以上で考慮する必要がある.

$$\vec{\mu}_e(q) = \vec{\mu}_e(0) + \left(\frac{\mathrm{d}\vec{\mu}_e}{\mathrm{d}q}\right)_0 q + \frac{1}{2}\left(\frac{\mathrm{d}^2\vec{\mu}_e}{\mathrm{d}q^2}\right)_0 q^2 + \cdots$$

$$\xi^2 H_i(\xi) = \xi\left[iH_{i-1}(\xi) + \frac{1}{2}H_{i+1}(\xi)\right] \qquad (23.68)$$

$$= i(i-1)H_{i-2}(\xi) + \frac{2i+1}{2}H_i(\xi) + \frac{1}{4}H_{i+2}(\xi)$$

ここで，この項は，$\int \mathrm{d}\xi H_f(\xi)\xi^2 H_i(\xi)e^{-\xi^2}$ の積分の形から，$i \to (i\pm2)$ へのよりエネルギーの大きい遷移の可能性があることを示している．分子振動の非調和性は，近赤外分光で実測されており，近赤外スペクトルを説明するための理論も提案されている.

　実際に，実験で得られる赤外吸収スペクトルを量子化学計算で求めるには，基準振動，群論，行列力学，行列固有値・固有ベクトルなどの多くの理論を学ぶことが必要で，専門書 1 冊分の説明が必要となるのでここでは述べないが，量子化学計算ソフトウェアを使って行うことは学部生でも可能である．以下に赤外吸収・ラマン分光の計算結果を簡単に述べる．量子化学計算は，Gaussian16 を用いて，DFT(B3LYP)，基底関数 6-311++g(3df,3pd)，スピン多重度 singlet$(2S+1=1)$ で計算した.

　二酸化炭素の赤外吸収スペクトル(**図 23.8**)は 2414 cm^{-1}(理論強度 677, 実験 2349 cm^{-1})に強い吸収が，678.8 cm^{-1}(理論強度 32, 実験値 667 cm^{-1})に弱い吸収が現れた．また，1374 cm^{-1}(理論強度 0, 実験値 1388 cm^{-1})の振動は赤外不活性であり，ラマン活性となった．分子振動による誘起双極子があると赤外活性となり，誘起双極子がないと赤外不活性になることが確かめられた.

　ラマン散乱スペクトルに関しては コラム23.2 で述べるが，分子分極率が振

対称伸縮振動 3657 cm^{-1}
赤外活性

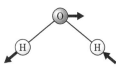

逆対称伸縮振動 3756 cm^{-1}
赤外活性

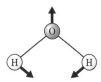

変角振動 1595 cm^{-1}
赤外活性

図23.7　水の振動モード，振動数，赤外活性の有無

動によって変化する，すなわち分子振動によって電子雲の広がりが変化する場合に活性となる．二酸化炭素の場合，対称伸縮運動がこの場合に相当する．ラマンスペクトルの理論強度は，変角振動0，対称伸縮振動20，逆対称伸縮振動も0となった．二酸化炭素の場合は，赤外吸収とラマン散乱は相補的な関係になった（**図23.9**）．

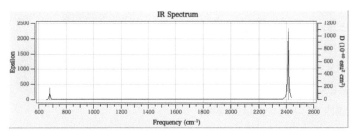

図23.8　二酸化炭素の赤外吸収スペクトルの量子化学計算結果

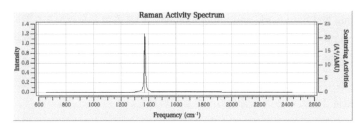

図23.9　二酸化炭素のラマン散乱スペクトルの量子化学計算結果

　水分子の赤外吸収スペクトル（**図23.10**）では，$1626 \, \mathrm{cm}^{-1}$（理論強度72，実験値$1595 \, \mathrm{cm}^{-1}$），$3816 \, \mathrm{cm}^{-1}$（理論強度4.5，実験値$3657 \, \mathrm{cm}^{-1}$），$3915 \, \mathrm{cm}^{-1}$（理論強度59，実験値$3756 \, \mathrm{cm}^{-1}$）でどれも赤外活性となったが，対称伸縮振動の強度は小さい．また，3つの振動モードともラマン活性であるが（**図23.11**），強度は2，93，28と変角振動のラマン強度は小さい．水分子の場合は，赤外吸収とラマン散乱はすべて活性となったが，強度は相補的になった．

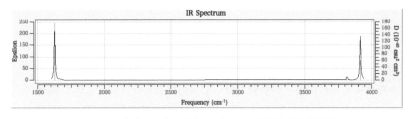

図23.10　水分子の赤外吸収スペクトルの量子化学計算結果

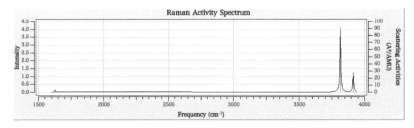

図23.11　水分子のラマンスペクトルの量子化学計算結果

ラマン（Chandrasekhara Venkata Raman）(注14)は，1930年にアジアで初めて自然科学系のノーベル物理学賞を「光散乱に関する研究とラマン効果の発見」という功績で受賞した．1983年に「星の構造と進化にとって重要な物理的過程の理論的研究」という功績でノーベル物理学賞を受賞したチャンドラセカールは甥にあたる．

ラマンは16歳で大学を卒業し，その後イギリスに留学するのが通常のインドの最優秀な学生のキャリアパスであるが，医者から "English climate would kill him" といわれ断念したとのジョークのようなエピソードがある．研究はすべてインド国内で行ったが，研究環境がよくないインドでラマン散乱などの大きな仕事を成し遂げた．それはラマンがよくいっていた "Make full use of what you have before ask for what you do not have" と "The essence of science is independent thinking and hard work, and not equipment" の言葉からもわかる．若い頃は，朝5時30分に研究所に行き，9時30分にいったん自宅に戻って，仕事（インド政府会計監査機関）に行き，17時から21時半または22時半まで研究所にこもって研究したそうである．休みの日はまる1日研究したとのエピソードがある．怒りっぽくて傲慢で超エゴイストともいわれたが，魅力的でユーモアのセンスももち合わせ楽しく付き合えるという面もあったといわれている．

ラマン散乱は，可視光が散乱されるときに，分子振動の寄与だけ散乱光がエネルギーを失ったり得たりする現象である．ラマンが偶然見つけたというよりは，ラマンの研究室での長年の光散乱の研究の結果と考えたほうがよいと Miller と Kauffman の論文 *J. Chem. Educ.* 1989, 66, 10, 795 には記載されている．当初，実験は太陽光，簡単な分光器と目視による検出で行われたのである．その後水銀ランプ光源，光学フィルタ，レンズ，直視型分光器を用いて，液体，固体，気体の多くの物質についてラマン散乱を報告した．

1928年当時，ラマン散乱の研究はラマンだけがやっていたわけではなく，パリとモスクワで行われていた．パリでは理論的な予測はなされていたが，実験結果が得られるまで公表を差し控えたのである．実験は気体に対してなされたのでシグナルが弱すぎて結果が得られなかったのである．モスクワでは，水晶についての実験が独立になされたが，ラマンの論文を引用したことで先取権を失った．ラマンらのグループは，1928年2月16日に第一報，1928年3月8日に第二報，1928年3月22日に第三報を *Nature* 誌に立て続けに短期間に投稿したのが決定的となったのである．このためか，ロシアでは1960～1970年代までラマン散乱とは呼ばれていなかったようである．

ラマンは固体の振動スペクトルでは明らかに間違った解釈を行って，当時広く受け入れられた Born らの格子力学に対して感情的な対応をしたようだが，1950年代に行われた中性子非弾性散乱の実験結果がラマンの解釈は完全に間違っていたことを示した．日本ではノーベル賞受賞者に対して一種の神格化がなされるが，科学の世界では賞をもらった後は一科学者として再び論争の世界に戻るのである．

注14）日本語ではラマンと書いているが，レイマンと発音するほうが近い．

ラマン散乱の古典論をまず導こう. **図 23.12** に示すように原子が2枚の電極によって作られた電場 E にさらされたとする. この電場 E は後にラマン入射光の電磁波の電場になる. 電場により電子はプラス側に, 原子核はマイナス側に変位し, 電子内に双極子 μ が誘起される.

双極子と電場が $\vec{\mu} = \vec{\alpha}\vec{E}$ の関係となる. ここで $\vec{\alpha}$ は分極率テンソル(行列)である. いま電場は z 方向のみで, 双極子も z 方向にのみ誘起するとする. $\mu = \alpha E$ となる. いま電場が $E = E_0 \cos(\omega_0 t)$ で振動

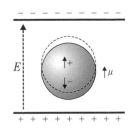

図23.12 電場中の原子の電子雲と原子核に作用する力

すると, $\mu = \alpha E = \alpha E_0 \cos(\omega_0 t)$ となる. 原子核が平衡位置にあるときの分極率を α_0 とし, 分子振動の変位を q として展開すると, $\alpha = \alpha_0 + (\partial\alpha/\partial q)_0 q + \dots$ となる. q に対応した基準振動では $q = q_0 \cos(\omega t)$ で角振動数 ω で振動するとする. よって, 誘起される双極子は,

$$\mu = \left[\alpha_0 + \left(\frac{\partial\alpha}{\partial q}\right)_0 q_0 \cos(\omega t)\right] E_0 \cos(\omega_0 t)$$

$$= \alpha_0 E_0 \underbrace{\cos(\omega_0 t)}_{\text{Rayleigh}} + \frac{1}{2}\left(\frac{\partial\alpha}{\partial q}\right)_0 q_0 E_0 \left\{\underbrace{\cos[(\omega_0+\omega)t]}_{\text{anti-Stokes}} + \underbrace{\cos[(\omega_0-\omega)t]}_{\text{Stokes}}\right\} \qquad (23.69)$$

となる. ここで, $\cos A \cos B = (1/2)[\cos(A+B) + \cos(A-B)]$ を使った. 電場の振動と分子振動の連成振動が得られたわけである. 角振動数が分子振動 ω 分減るほうを**ストークス**(Stokes)**線**, 分子振動 ω 分増えるほうを**アンチストークス**(anti-Stokes)**線**という. いったん, 仮想的な電子レベルに励起されたのが元の状態に戻るのが**レイリー**(Rayleigh)**散乱**で, ストークス線, アンチストークス線は**図 23.13** のエネルギーダイアグラムに相当する励起となる. 式(23.69)の $(\partial\alpha/\partial q)_0$ がラマン散乱の選択則を与える. すなわち分子振動によって分子の分極率が変化する振動がラマン活性となる. 分極率は電子雲のひずみやすさを意味し, 電子雲の大きさに依存する. したがって, 振動によって電子雲の大きさが変化するような振

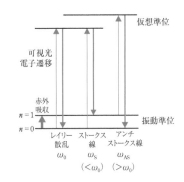

図23.13 ラマン散乱, レイリー散乱, ストークス線, アンチストークス線と電子遷移・振動遷移の関係

動はラマン活性であるということができる. 例えば, 二酸化炭素の場合, 逆対象伸縮振動($\rightarrow\leftarrow\rightarrow$)や変角振動($\uparrow\downarrow\uparrow$)では電子雲の大きさは平衡点まわりでは変化しないが, 対称伸縮運動($\leftarrow\cdot\rightarrow$)では変化する. 対称伸縮振動のみがラマン活性なのは, この理由による.

ラマン散乱の量子力学的な取り扱いは, ここでは行わないが[注15]に詳しい.

注15) *Quantum Mechanics in Chemistry*, in Chap.5, G. C. Schatz, M. A. Ratner, Dover, 2002.

演 習 問 題

23.1 式(23.18)中の $\sin^2(\omega t/2)/\omega^2$ を右図に示すように，横軸を ω にして グラフを描きなさい．$\omega=0$ での $\sin^2(\omega t/2)/\omega^2$ はどうなるか．関数 が 0 から増減して最初に 0 になる値を求め，その幅を求めなさい． ピークを二等辺三角形として面積を求めなさい．

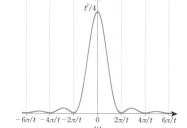

23.2 フェルミの黄金律について説明しなさい．

23.3 $\left[\hat{H}_0, e^{it\hat{H}_0/\hbar}\right]=0$ を証明しなさい．

23.4 トーマス–ライヒェ–クーンの総和則 $\sum_j f_{ij}=1$ （式(23.62)）を証明しなさい．

23.5 例えば水素原子の 1s → 2p 遷移を，エネルギーが，この遷移に等しい光(直線偏光)で偏光方向が z 方向であ るとして，振動子強度を計算すると $f_{1s\to2p}=0.42$ となることを示しなさい [注16]．

23.6 分子振動の古典論に関する以下の問 1 ～ 5 に答えなさい．質量 m_A の A 原子と質量 m_B の B 原子からなる 2 原子分子 AB を考える．A–B 結合のばね定数を k とする．

問 1 A 原子の位置座標を x_A，平衡位置を $x_{A,0}$，B 原子の位置座標を x_B，平衡位置を $x_{B,0}$ とする．A–B 結合長 さが平衡原子間距離より短ければ斥力，長ければ引力が働く．その力の大きさは，原子間距離の平衡 原子間距離からのずれとばね定数 k に比例する．

　a) A–B 平衡原子間距離を求めなさい．

　b) A–B 原子間距離を求めなさい．

　c) 原子間距離の平衡原子間距離からのずれを，A，B 原子の変位 $u_A \equiv x_A - x_{A,0}$，$u_B \equiv x_B - x_{B,0}$ を用いて求 めよ．また下図の場合，その符号を求めなさい．

　d) 下図の場合，原子間距離は平衡原子間距離より短いので，A 原子にはマイナス方向の斥力 F_A，B 原子にはプラス方向の斥力 F_B が働いている．F_A，F_B を k, u_B, u_A で表しなさい．

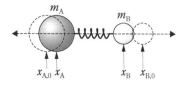

問 2 u_A，u_B を用いて，A 原子，B 原子の運動方程式をたてなさい．

問 3 u_A，u_B は振動解 $u_A = u_{A,0}\,e^{-i\omega t}$，$u_B = u_{B,0}\,e^{-i\omega t}$ をもつとして運動方程式を解きなさい．ここで，ω は調 和振動子の角振動数である．

問 4 A 原子は B 原子より電気陰性度が大きく負に帯電し $-\delta e$ の電荷をもち，B 原子は $+\delta e$ の電荷をもち， 分子が振動しても変化しないとする．ここで e は電気素量である．平衡原子間距離のときの双極子 モーメントを求め，振動による誘起双極子モーメントを求めなさい．

問 5 $u_{A,0}e^{-i\omega t}=q$ とすると，$\mathrm{d}\mu/\mathrm{d}q$ は 0 とならず赤外活性であることを示しなさい．

注16)電気双極子遷移の場合1に近い値をとる(量子力学(II)，13章 例題，小出昭一郎，裳華房，1990).

『たのしい物理化学1』が出版されてから長い時間が経った．この間の1の片肺飛行あるいは2はもう出ないと思われた読者にはなにとぞお許しいただきたい．

個人的にお恥ずかしい話をして，しめくくりたい．大学入学後の教養部2年生（1980当時専門課程の工学部は3年生から）のときに，「物理学3（波動・量子）」を履修した．といっても，大勢の同級生と同じように授業には出ず，しかもまったくなんの試験勉強もせずに試験を受けた．試験会場に行くと，「いいこと（何かは書けません！）があるかもしれない」という某体育会先輩の言葉を信じてのことであった．出た問題はシュレーディンガー方程式を書いて，おそらく1次元の箱（？）について方程式を解けという問題だったのだろうが，まったく1文字もかけずに白紙の答案を提出した．白紙で提出は人生で最初と最後の経験で，もちろん「いいこと」もなく不可となった．

時代はそれから10年ほど経過して，研究所の助手のときに米国の大学に留学するチャンスがあり，アイオワ州立大学物理天文学科の理論物理グループを訪れた．ボスと直接指導いただいた先生方は当方とそんなに年も離れていない30代半ばの香港出身の教授の先生方で，量子力学の方程式を解いて，固体・固体界面の構造・物性を明らかにする第一原理計算をしていた．それまで超高真空装置を用いたジルコニウムという金属（原子炉の燃料被覆管に使用されている．F1での水素爆発はこの金属と水との反応から出た水素が原因）の酸素吸収，表面分光の実験を行っていたので，実験家しかも化学出身の日本人がグループに参加したことで大変驚かれた．手紙1本で申し込んだのだが，当時のボス（KMHとCTC）は面識もない当方をよくぞグループに加えてくれたものだと思う．Ramanと同じく，才能とかではなくHardwork, Hardwork, HardworkしかないとKMHがいわれていたのが印象的であった．直属のボスCTCは，「午前中自分の結婚式をして，午後からオフィスで仕事していた」とのことで，まわりの誰も信じなかったとのことだが，当方は信じることができた．

当時ようやく出てきたパソコンでの計算や大学にあった富士通の汎用機で少々の計算をしたことがあるものの，Unixを用いたIBMのworkstationやCrayスパコンはもちろん使ったことがなかった．Fortranで書かれた自作ソフトも何か新しいことをすれば動かず，そのバグ探しが大変であった．しかし，この第一原理計算は非常に強い武器，言い換えると物性理論・化学理論のstate-of-the-artであり続けている．これが，ほぼ30年近く第一原理計算を続けている理由であり，大学の教養の量子力学の試験で白紙の答案を出した底辺の学生が，40年にわたる量子力学の宿題を必死に解き，その結果として，ここに教科書を書かせていただいているという気がしてならない．そ

う！白紙で答案を出してもいいこと！があったのである．

　最後に，一部マニアでは有名なシュレーディンガー音頭も最後まで読んでくださった読者には容易に理解してくださるでしょう！

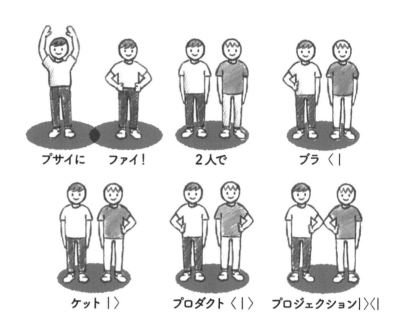

プサイに　ファイ！　　2人で　　　ブラ $\langle|$

ケット $|\rangle$　　プロダクト $\langle|\rangle$　プロジェクション $|\rangle\langle|$

[http://scienceinoh.jp/schrodinger/ を参考に作成]

2023 年 12 月

著者を代表して　山本雅博

索　引

著者紹介

山本雅博　工学博士
（やまもとまさひろ）

　1985年　京都大学大学院工学研究科修士課程修了
　現　在　甲南大学理工学部機能分子化学科 教授
　著　書　『実験データを正しく扱うために』化学同人(2007)

池田　茂　博士（工学）
（いけだ　しげる）

　1999年　東京工業大学大学院総合理工学研究科博士後期課程修了
　現　在　甲南大学理工学部機能分子化学科 教授

加納健司　農学博士
（かのうけんじ）

　1982年　京都大学大学院農学研究科博士後期課程修了
　現　在　京都大学名誉教授
　著　書　『ベーシック電気化学』化学同人(2000)
　　　　　『実験データを正しく扱うために』化学同人(2007)

NDC 431　　154p　　26 cm

たのしい物理化学2
（ぶつりかがく）
量子化学
（りょうしかがく）

2024年 1 月 26 日　第 1 刷発行

著　者　山本雅博・池田　茂・加納健司
　　　　（やまもとまさひろ）（いけだ　しげる）（かのうけんじ）
発行者　森田浩章
発行所　株式会社　講談社
　　　　〒112-8001　東京都文京区音羽 2-12-21
　　　　　　販　売　(03)5395-4415
　　　　　　業　務　(03)5395-3615

KODANSHA

編　集　株式会社　講談社サイエンティフィク
　　　　代表　堀越俊一
　　　　〒162-0825　東京都新宿区神楽坂 2-14　ノービィビル
　　　　　　編　集　(03)3235-3701

本文データ制作　株式会社双文社印刷
印刷・製本　株式会社ＫＰＳプロダクツ

ISBN 978-4-06-534043-1

講談社の自然科学書

※表示価格は消費税（10%）込みの価格です。　　　　　　　　　　　　「2023 年 12 月現在」

講談社サイエンティフィク https://www.kspub.co.jp/